ストーリーで
学ぶ

ネットワーク
の
基本

左門至峰 著

インプレス

本書の内容については正確な記述につとめましたが、著者、株式会社インプレスは本書の内容に基づくいかなる運用結果にも一切責任を負いかねますので、あらかじめご了承ください。

本書に掲載している会社名や製品名、サービス名は、各社の商標または登録商標です。本文中に、TMおよび®は明記していません。

インプレスの書籍ホームページ

書籍の新刊や正誤表など最新情報を随時更新しております。

https://book.impress.co.jp/

はじめに

本書は、ネットワークをしっかりと学習しようと考えている人をターゲットに、ネットワークの基礎をわかりやすく説明する本です。

ストーリー展開として、ある企業の情報システム部に配属された新人エンジニア（剣持成子といいます）が、ネットワークにまつわる"よくある"トラブルを解決しながら、ネットワークの基本知識を習得していきます。また、イラストや図版をふんだんに使用することで、単調になりやすいネットワークの学習を楽しく行えるように工夫しています。

他社の本との違いとして意識したのは、"実践的"な知識です。そこで、「初めて"現場"に出る新人に押さえておいてほしい内容」というのをコンセプトに、実務で必要な知識、先輩から急に仕事を振られたときに役立つノウハウなどを盛り込みました。ですので、あまり使わない知識に関しては、解説を省略させてもらっています（知らなくても現場で通用するなら優先度は下げよう、そうしないと本が分厚くなってしまう……という考えです）。

実践的な知識であれば、トラブル対応は欠かせません。各章の構成は、「①シナリオ（トラブル発生）」「②知識解説」「③シナリオ（トラブル解決）」という流れにし、基礎知識だけでなく、さまざまなトラブルを紹介しながら臨場感ある展開にしています。さらに、実際の設定画面やコマンド出力画面、パケットキャプチャーの様子なども適宜掲載し、机上の知識だけではなく、ネットワークの現場で役に立つ知識が身につくようにし

ています。

私は大手システムインテグレーターに入社後、ネットワークの構築に長年携わってきました。LANケーブルの作成からスイッチングハブやルーターの設定、数多くのサーバーやネットワーク機器の設計・設定を行ってきました。無事にシステム構築ができたこともあれば、たくさんの失敗やトラブルも経験しました。そのような経験から得た知識・経験を余すところなくお伝えしよう、そう考えてこの本を書き上げました。

新人エンジニアや学生はもちろん、ネットワークを改めて学び直したいというベテランの方にも、是非読んでいただきたいと思います。

2021年3月

左門　至峰

目　次

5章　トランスポート層と代表的なプロトコル ……… 219

6章　アプリケーション層と代表的なプロトコル ……… 251

序

章

ネットワーク
の
基礎とモデル

剣持成子、いざ情シスへ！

中堅のメーカーに入社した成子は、情報システム部に配属になった。大きな企業ではないため、主任の服部と新人の成子の2人だけの部署だ。

新人研修が終わった後の配属初日に、服部主任から成子が担当する業務についての説明があった。

「基幹システムと情報セキュリティは重要で難しいので、僕が担当する。剣持さんにはネットワークとPCを担当してもらいたい。もちろん、知識・技術面でのサポートはするよ」

最初に任されたのは、現状のネットワークおよびIT資産の棚卸しと、情報の最新化だった。現在のネットワーク構成図や機器一覧、設定情報をチェックして、最新の情報にする仕事だ。チェックの方法は、ツールを使ったり、資料を確認したり、実際に現地へ行って確認するなどさまざまだが、手順はマニュアル化されている。しかし、マニュアルを読んでも知らない言葉ばかりで、メーカーの名前なのか、機種名なのか、仕組みの名前なのか、それすらわからない。今後の仕事が不安になってきた。

しかし、成子は張り切っていた。その夜、閉店間際の書店でネットワークの本を3冊買った。その日の夜と土日を使い、約20時間かけて3冊の本とにらめっこ。もちろんその内容は3割も理解できなかったけれど……。

週が明けて月曜日。昼休憩になり、成子は服部と一緒に近くの定食屋へご飯を食べに行った。成子は、思い切って服部に相談してみた。

「服部主任、ネットワークの知識を身につけたいのですが、何から勉強すればいいでしょうか」

「最初から全部を理解するのは大変だよ」と服部が言う。

「ですよね〜」という引きつった表情を浮かべ、成子はそれに答えた。

「まずは、わが社のネットワークの全体像を理解しよう。そして、全体像を知ったうえで、個々の事象だったり、技術や仕組みに向き合うのがいいね」

「わかりました」

成子は手帳に「全体像を理解する」とメモした。

「それと」と服部が続ける。

「それと、何ですか？」

「いきなり理解しろというわけではないけど、レイヤーという言葉は重要だよ」

「レイヤーですか？」

「そう。レイヤーとは階層という意味だ。OSI 参照モデルに従って、ネットワークの 7 つの層、つまりレイヤーを理解していこう」

「7 つの層があるんですね」

そう言って成子はメモに追記した。とはいえ、昨日読んだ本で OSI 参照モデルはチェック済みだ。

「なぜレイヤーを理解するのかというと、幅広いネットワークの知識を一気に理解するのは難しいからなんだ。層に分けて考えることで、頭が整理される」

「わかりました」

「いきなりレイヤーの話をされても理解できないと思う。今は、レイヤーという概念を頭の片隅において、勉強を進めよう」

ネットワークとは

　ネットワークとは、人や物事が網（net）の目のように接続されたものを指します。たとえば人と人のつながりである人脈や、駅が線路でつながれた鉄道網もネットワークです。ネットワークでは、人や物、情報が行き来します。

　これから成子と皆さんが学んでいく「ネットワーク」は、「コンピューターネットワーク」です。本書で「ネットワーク」というときは「コンピューターネットワーク」を指しています。

　ネットワークでは、コンピューターや機器が互いに接続されて、通信することができます。企業では、コンピューターが1台だけ単独で動作していることはほとんどありません。複数のコンピューターがネットワークで接続されて、社内や部署でファイルやスケジュールを共有したり、メールを送受信したり、インターネットに接続したりするのに使われています。

剣持さん、ネットワークの全体像を理解するために、わが社のネットワーク構成図を描いてみようか。

 え〜、いきなりですか？
何から描き始めればいいのか、まったくわかりません……。

そうだね。では、まずネットワークにはどんなものがあるのか、その分類を説明しよう。

ネットワークの分類

　ネットワークは、相互に接続されたコンピューターや機器の「まとまり」といえます。このまとまりは、大きく3つに分けられます。建物内に構築されるLANと、建物を越えて複数の拠点を結ぶWAN、世界中とつながるインターネットです。

●LAN

　LAN（Local Area Network）は、1つの敷地内または建物内で構築されたネットワークです。LANでは、1台のコンピューターに社内や部署内で共有する資料のファイル（データ）をまとめて保存して共有したり、1台のプリンターを複数の利用者で共有したりできます。

　ひとくちにLANといっても、企業や大学などのように数十台から数万台のさまざまな機器を接続したものから、家庭内で数台のPCを接続したものまで、規模は千差万別です。家庭にある2台のPCと1台のプリンターだけでも、LANケーブルなどを介してネットワークで接続されていれば、立派なLANといえます。

《PC2台とプリンターだけでも立派なLAN》

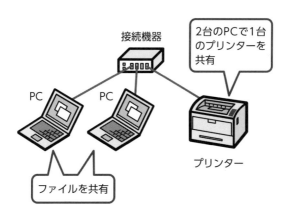

接続機器

2台のPCで1台のプリンターを共有

PC　　PC

プリンター

ファイルを共有

●WAN

複数の拠点が接続されたネットワークをWĀN（Wide Area Network）といいます。LANとの違いは、1つの建物や敷地（拠点）の中だけのネットワーク（LAN）なのか、離れた拠点間を接続したネットワーク（WAN）なのか、という点です。LANとLANをつなぐものがWANと考えてもいいでしょう。

WANでは、たとえばある企業の東京本社と大阪支社を結ぶことができるほか、グループ企業や取引先などを結ぶこともあります。LAN内のPCから、WANを経由して他拠点にあるPCとファイルを共有したり、メールを送受信したりすることができます。

敷地を越えた接続には、電気通信事業者※1が提供するWANサービスの回線を利用するのが一般的です。

●インターネット

インターネットは、世界中のネットワークが接続されたネットワークです。インターネットを利用すれば、世界中のコンピューターで情報をやり取りしたり、データを共有したりすることができます。インターネットに接続されたPCでは、Webサイトを見たり、ネットショップで商品を買ったり、動画配信サイトで動画を観たりすることができます。皆さんにも馴染み深いGoogleやInstagram、LINEなどもインターネットを使用したサービスです。

さて、このように世界中で通信ができるのは、コンピューターやネットワークが世界共通のルールで設計されているからです。このルールはプロトコルと呼ばれます。重要な語句ですので、序章3節でしっかり説明しますが、言葉だけは覚えておいてください。

LAN、WAN、インターネットは、次の図のように接続されて、ネットワークを構成しています。

※1　**電気通信事業者**：電話やデータ通信などの通信サービスを提供する企業です。電話会社やケーブルテレビ会社などがこれにあたります。

《LAN、WAN、インターネットの接続イメージ》

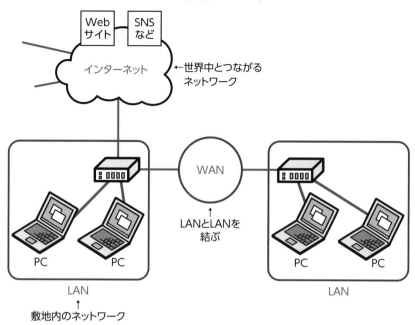

参考 イントラネットとエクストラネット

インターネットの技術を応用したものに、イントラネットとエクストラネットがあります。

イントラ（intra）は「内部の」という意味の接頭辞で、イントラネットはインターネットの仕組みを使って構築された、企業の内部ネットワークのことです。企業の内部ネットワークが単一のLANで構成されている場合、イントラネット＝LANと見なすことができます。それに対して、WANでつながれた複数のLANで企業の内部ネットワークが構成されている場合、イントラネットは複数のLANをひとまとめにしたものと捉えられます。イントラネットでは、インターネットと同様に、主にWebブラウザーを使って社内のサービスを利用します。たとえば、社内のPCから会議室を予約したり、人事システムで有給休暇や出張経費を精算したりといった、さまざまな業務に活用されています。「社内イントラネット」を省略して「社内イントラ」

7

ということもあります。

一方エクストラ (extra) は「外部の」という意味の接頭辞で、エクストラネットは、グループ企業や取引先企業など社外にまでイントラネットを相互接続したものです。たとえば、グループ企業全体で共通の情報共有ソフトを利用できるようにしたり、取引先と受発注システムを共有したりします。企業外とはいえ、接続できるのは取引先企業などに限定されます。不特定多数が接続し、セキュリティ面のリスクがあるインターネットとは大きく異なります。

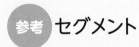

参考 セグメント

LAN は、いろいろな理由で、さらに細かく区切られることがあります。区切られたひとつひとつは、「区分」を意味する**セグメント** (segment) と呼ばれます。

セグメントと似た意味を持つ言葉にサブネット (subnet) がありますが、少しニュアンスが違います。サブ (sub) はメイン (main) と対比される言葉ですから、メインのネットワークを小さく区切ったものがサブネットです。一方、セグメントという言葉に、小さく区切ったという意味はありません。純粋に、1つのネットワーク領域のことを指します。

ネットワークに必要な機器

では、ネットワークの内側に目を向けてみよう。

　次の図は、企業などの比較的規模が大きめのLANで、クライアントやサーバーがWANやインターネットにつながるまでの接続の様子を示したものです。

《ネットワークに必要な機器》

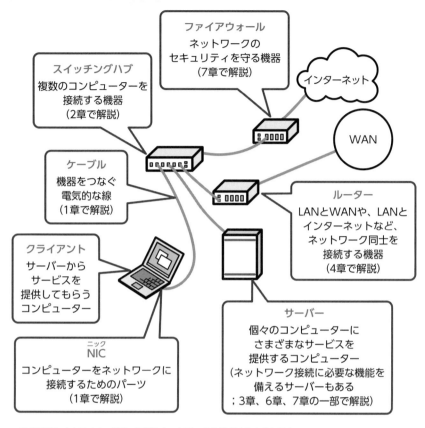

ファイアウォール
ネットワークの
セキュリティを守る機器
（7章で解説）

スイッチングハブ
複数のコンピューターを
接続する機器
（2章で解説）

インターネット

WAN

ケーブル
機器をつなぐ
電気的な線
（1章で解説）

ルーター
LANとWANや、LANと
インターネットなど、
ネットワーク同士を
接続する機器
（4章で解説）

クライアント
サーバーから
サービスを
提供してもらう
コンピューター

サーバー
個々のコンピューターに
さまざまなサービスを
提供するコンピューター
（ネットワーク接続に必要な機能を
備えるサーバーもある
；3章、6章、7章の一部で解説）

NIC （ニック）
コンピューターをネットワークに
接続するためのパーツ
（1章で解説）

＊この図はあくまでイメージで、実際のネットワークの構成はさまざまです。

たくさんの機器がつながっているんですね。
サーバーもネットワークに関係があるのですか？

そうなんだ。サーバーはいろいろなサービスを提供するコン
ピューターだから、ネットワークでも重要な役割を果たしている。
では、わが社のネットワーク構成図を描いてみようか。

《社内ネットワークの構成図》

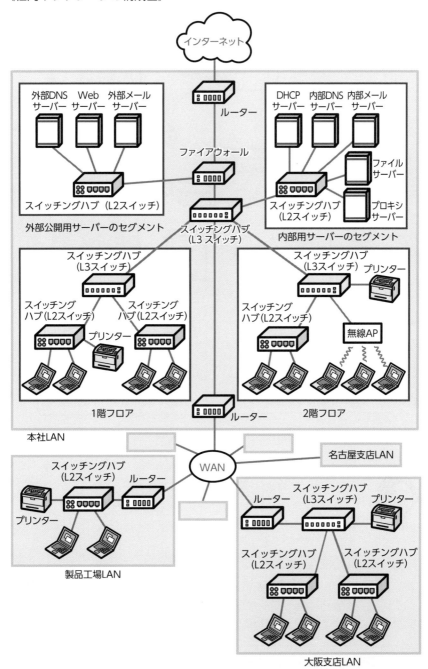

ざっとこんな感じかな。
最初は、他人が描いた構成図を見て理解できればいいけど、いずれは、自分で構成図を描けるようにしよう。

　構成図からもわかるように、ネットワークはさまざまな機器によって構成されています。見慣れない機器名もあると思いますが、1章から順に説明していきます。今はさまざまな機器が接続されているということだけ見ておいてください。本書を読み終える頃には、それぞれの機器の役割や接続の意味が理解できるようになっているはずです。

参考 コンピューターの呼称

コンピューターは状況に応じて、異なる名称で呼ばれます。

ネットワーク上で果たす役割という観点では、コンピューターはサーバーとクライアントに大別されます。ほかのコンピューターにサービス（何らかの機能）を提供するコンピューターをサーバーと、そのサービスを受けるコンピューターをクライアントと呼びます。なお、サーバー（server）はサービスなどの「奉仕をする人」、クライアント（client）はサービスを受ける「客」という意味です。

ネットワークの構成要素という観点では、コンピューターは端末あるいはホストと呼ばれることがあります。端末とは、ネットワークの「末端」に位置し、ほかの機器と通信を行う機器という意味です。末端に位置する機器ですから、コンピューターに限らず、プリンターやスマホも端末といえます。一方、ホストは、端末に限らずネットワークに接続されたコンピューターのことを指し、ネットワークの分野では、3章で解説する「ホスト部」「ホストアドレス」など、ホストを冠した言葉がいくつも登場します。

LANにおける通信の種類

電話や手紙は1対1のやり取りだけど、LANの場合はそれ以外
もあるんだ。

複数の人とやり取りできるんですか？

そう。全員に送ったり、特定の人だけに送ったりすることができ
るんだ。

　ネットワークでは、機器間でデータが送受信されます。その通信は、宛先によっ
て、次の3つに分類することができます。

・ユニキャスト

　1つの機器にだけデータを送信する最も一般的な通信方式です。機器に割り当
てられたアドレス宛てにデータが送信されます。

・ブロードキャスト

　同一セグメント内のすべての機器にデータを一斉に送信する通信方式です。宛
先アドレスには、ブロードキャスト専用のアドレスを使用します。

・マルチキャスト

　同一セグメント内の特定のグループに属する機器に、データを一斉に送信する

通信方式です。宛先アドレスには、マルチキャスト専用のアドレスを指定します。

《3種類の通信方式》

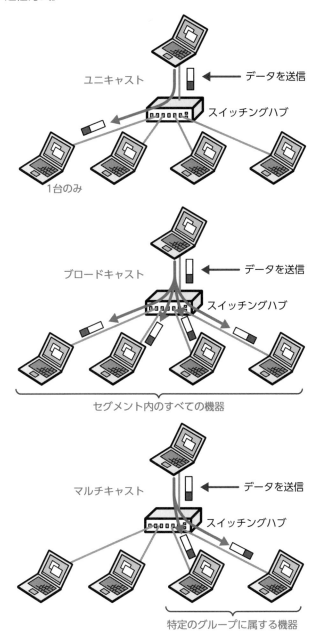

それぞれのアドレスについては、2章2節内の「MACアドレスの種類」と3章2節で説明します。

データの単位

これ以降は、ネットワーク上で送受信されるデータ量の単位であるビットやバイト、データの表現に使われる2進数と16進数について解説していこう。

2進数や16進数は、ネットワークを理解するのに必要なんですか？

コンピューターは0と1で表現されたデータを処理しているから、2進数や16進数のほうがデータを表現しやすいんだ。ネットワークの分野では2進数や16進数で表された数値が頻出するから、きちんと理解しておくことが重要だね。

●ビットとバイト

コンピューターの内部では、すべてのデータが0と1の2個の数字の組み合わせで表現されます。これは、電圧の「高」と「低」という2つのパターンだけでデータを処理するコンピューターのハードウェアの仕組みと相性がいいためです。

データの最小単位を**ビット**（bit）といい、1ビットで0か1のどちらかを表現できます。また、2ビットであれば、00、01、10、11の4種類の値を表現できます。

ビットは8つまとまると、1つ上の単位である1**バイト**（byte）になります。鉛筆12本を1ダースというようなものです（この場合は12まとまると、上の単位に上がります）。たとえば、8,000ビット＝1,000バイトになります。また、バイトの代わりに、8を意味する**オクテット**という語を使う場合もあります。

●単位の接頭語

データなどの値を見やすくするために、k（キロ）、M（メガ）、G（ギガ）といっ

た接頭語を単位につける場合があります。

　kは1,000倍、Mは1,000,000倍、Gは1,000,000,000倍を意味します。たとえば、1Gバイト＝1,000Mバイト＝1,000,000kバイトになります。

　さらに大きな接頭語として、Gの1,000倍のT（テラ）や、Tの1,000倍のP（ペタ）などが続きます。

2進数と16進数

●2進数

　私たちは日常的に、10進数で数を表現しています。一方、コンピューターでは、上述したように0と1だけが用いられます。このように、0と1の2つの数字だけを用いて表現した数値を2進数といいます。

　10進数では、0～9の10個の数字を使って値を表記します。「0　1　2　3　4　5　6　7　8　9」までいくと、次の値を表す数がないので、桁が1つ上がって、「10」と表記されます。

　2進数では、0と1の2個の数字を使って値を表記します。「0　1」までいくと、次の値を表す数字がないので、桁が1つ上がって「10」と表記されます。つまり、10進数の「2」は2進数では「10」と書き表されます。次ページの変換表を参照してください。

　表からもわかるように、2進数の欠点は桁数が多くなってしまうことと、数字が2種類しかなく、間違えやすいことです。コンピューターにとっては処理しやすい2進数は、人間にはとても扱いづらいのです。そこで、2進数を効率的に表記するために、しばしば16進数が用いられます。

●16進数

　16種類の文字を使って値を表記するのが16進数です。数字は0～9までの10種類しかないため、A～Fまでの6つのアルファベットを加えた16種類の文字で表記されます。

　16進数は10進数と見分けづらいので、16進数であることを明らかにするために「0x」という印をつけて「0x10」のように表記することもあります。たとえば「0x05」は10進数の5に、「0x10」は10進数の16にあたります。

　データの単位の基礎は1バイト（8ビット）であるため、ネットワークの分野

では、たとえば「11000101」のような、8ビット区切りのデータの並びをよく用います。一見しただけではいくつなのか把握しづらいこのような値は、10進数や16進数に変換して表記されることが少なくありません。2進数から10進数への変換は手間がかかるので、簡単に変換できる16進数が重宝されます。

　8ビットの2進数を4ビットずつ、「1100」と「0101」に分けて書いてみましょう。以下の変換表を見てください。「1100」は「C」に、「0101」、つまり「101」は「5」になります。よって、「11000101」は16進数では「C5」になります。簡単に変換できるうえに、わずか2桁で表記することができますね。

《2進数、10進数、16進数の変換表》

10 進数	2 進数	16 進数
0	0	0 (0x00)
1	1	1 (0x01)
2	10	2 (0x02)
3	11	3 (0x03)
4	100	4 (0x04)
5	101	5 (0x05)
6	110	6 (0x06)
7	111	7 (0x07)
8	1000	8 (0x08)
9	1001	9 (0x09)
10	1010	A (0x0A)
11	1011	B (0x0B)
12	1100	C (0x0C)
13	1101	D (0x0D)
14	1110	E (0x0E)
15	1111	F (0x0F)
16	10000	10 (0x10)
17	10001	11 (0x11)

3 プロトコルとレイヤー

プロトコル

　ネットワークがあまり普及していない頃は、コンピューターや機器のメーカーは独自の方法で自社の機器同士を接続していました。しかし、ネットワークの普及によりさまざまなメーカーのコンピューターや機器を相互に接続する必要がある現在においては、通信を行うための共通のルールが必要となります。

まずは、身近な例で考えてみよう。海外の人に手紙を書く場合、手紙は日本語で書く？

受け取る人に日本語が通じなければ、日本語では書きませんね。

だよね。言葉が通じなければ相手は手紙を読むことができない。だから、相手がわかる言語として、たとえば「英語」で書くなどのルールを決めておく必要がある。

　手紙についてもう少し見てみましょう。送付先の住所は、日本では「大阪府大阪市北区……」のように都道府県から始まり、最後に番地や建物名を書きます。しかし、アメリカなどの英語圏では表記が逆で、「Kita Ku, Osaka Shi, Osaka Fu」のようになります。このように、住所ひとつとっても、通信相手によってルールが異なります。手紙を間違いなく相手に届けるには、相手と共通のルールが必要です。ネットワークにおけるルールを、プロトコルといいます。

　たとえば、メールの送信方法を定めたSMTP（Simple Mail Transfer

Protocol）というプロトコルでは、転送されるデータのうち「MAIL FROM」という語で印をつけた部分が送信元メールアドレスに相当し、「RCPT TO」をつけた部分が宛先メールアドレスに相当するといった、通信の仕様が事細かに決められています。お互いの通信を成立させるために、送信側も受信側も、これらの仕様（プロトコル）を守る必要があります。

プロトコルとOSI参照モデル

　話を手紙に戻しましょう。相手と使用する言語のルールを決めただけでは手紙を送ることはできません。スムーズにやり取りするためには、住所や宛名の書き方のルールも決める必要があります。また、利用する配送システムごとに、料金や送ることができる大きさ、形状など、あらかじめ決められたルールも守る必要があります。

《手紙を送るときに事前に決めておくルール》

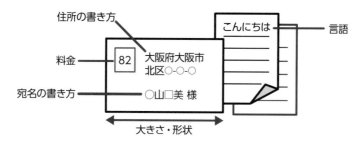

　コンピューターの通信でも同様です。通信相手や使用する機器のメーカーごとに、たくさんのルールが必要になります。

通信相手ごとに送り方を変えるのは大変ですね。

もちろん。これを個々の企業やメーカーがそれぞれ決めるのは現実的ではない。

そこで、ISO[※2]がコンピューターの通信に必要なルール（プロトコル）を取りまとめたのです。

ルールがさまざまな分野にわたるため、ISOは、関連する機能ごとに7つのレイヤーに分けてプロトコルを整理しました。これが、**OSI参照モデル**[※3]です。「OSI」は「（異なるシステムの仕様が）開放されることで相互に接続する」ことを意味しています。世界中のコンピューターやネットワーク機器はこのOSI参照モデルに即した通信の方式で開発されているため、異なる機種のコンピューターや異なるメーカーの機器間でも、通信することができるのです。

では、各層の概要を順に見ていきましょう。

●第1層：物理層

物理層では、機器間を接続し、データを信号に変換して送受信するために必要なルールが決められています。

機器間はケーブルで接続されるため、ケーブルの仕様やケーブルの先端のコネクター（接続口）の形状が規定されています。

また、データがどのように信号に変換され、どのようにケーブルを伝って送受信されるかといった仕組みも物理層で決められています。

物理層の機能を提供する機器にリピータハブがあります。リピータハブでケーブルを中継し、減衰した信号を増幅することで、より長い距離にわたってデータを送り届けることができます。

《物理層の機能》

物理層については、1章で詳しく解説します。

※2　**ISO**：International Organization for Standardization。国際標準化機構。
※3　**OSI参照モデル**：Open Systems Interconnection reference model。開放型システム間相互接続参照モデル。

●第2層：データリンク層

　データリンク層では、セグメント内での機器間の通信方法や、送信したデータがエラーになっていないかを検出する仕組みなどが決められています。

　機器間でデータを送るには、何らかの方法で通信相手を指定しなければなりません。セグメント内での通信では、MACアドレスと呼ばれる値を使用して、通信相手を指定します。MACアドレスは、PCやサーバーなど、すべての機器に重複することなく割り当てられています。

　また、複数の機器から一斉にデータが送られた場合でも、回線上でデータがぶつかりあってエラーにならないように制御する仕組みや、データが正しく送信できたかを確認する仕組みも必要です。

　データリンク層ではこのように、同一セグメント内の機器が正しく通信するための取り決めがなされています。そして、取り決められた機能を実現する機器の代表がスイッチングハブです。

《データリンク層の機能》

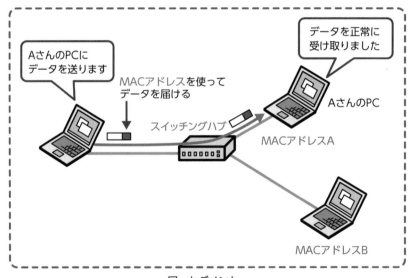

データリンク層については、2章で詳しく解説します。

●第3層：ネットワーク層

　ネットワーク層では、異なるネットワーク（セグメント）と通信する仕組みが決められています。

　データリンク層の機能で、セグメント内の機器と通信することが可能になりました。しかし実際のデータ通信では、データをやり取りしたい相手が同一セグメント内にいるとは限らず、いない場合は、相手が所属するネットワークまでデータを届けなければなりません。そのときのルールを取り決めているのがネットワーク層です。ネットワーク層の通信では、IPアドレスと呼ばれる、ネットワーク上の住所の役割をする値を使用して、通信相手を指定します。セグメントの出口には、ルーターと呼ばれる道案内の機能を備えた機器が設置されます。ルーターは、IPアドレスを基に、ほかのルーターから送られてきたデータを中継し、目的地に送り届けるための最適な経路を案内します。この機能をルーティングといいます。ネットワーク層ではルーティングの仕組みが決められています。

《ネットワーク層の機能》

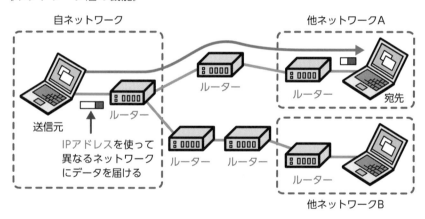

　ネットワーク層については、3章、4章で詳しく解説します。

●第4層：トランスポート層

　ネットワーク層の仕組みにより、異なるネットワークにもデータを送ることが可能になりました。しかし、そのデータが正しい相手に、欠落なく、正しい順番で送られるという信頼性を保つ仕組みも必要です。トランスポート層では、データを確実に送受信するための仕組みが決められています。

たとえば、通信相手から「データを受け取った」という応答を受け取ることで、データが相手に確実に届いたかどうかを判断できます。

　トランスポート層のこのような機能は、ルーターなどのネットワーク機器ではなくPCやサーバーなどで処理されます。

　トランスポート層については、5章で詳しく解説します。

●第5層〜第7層

　第5層の**セッション層**では、通信の開始から終了までの一連の流れを管理しています。通信のタイミングを合わせる同期をとり、データが確実に送受信されるようにします。

　第6層の**プレゼンテーション層**では、データの表示形式を管理しています。アプリケーション層で作成されたデータは、異なる機種のコンピューターでは文字形式が異なる場合があり、それを適切に変換する作業を行います。加えて、データの圧縮や暗号化などの役割も持ちます。

　第7層の**アプリケーション層**では、皆さんが日頃利用しているメールソフトやWebブラウザーなどの通信アプリケーションの仕様を取り決めています。先ほどSMTPというプロトコルの例で示したメールアドレスの指定方法なども、アプリケーション層で定められています。

アプリケーションってスマホの「アプリ」と同じ意味ですか？

そう。アプリケーションのことを簡略化してアプリと呼んでいるんだ。

　アプリケーション＝ソフトウェアと考えてもいいでしょう。

　セッション層からアプリケーション層までの3層は線引きが難しく、明確に区分できるものではありません。また業務においても、セッション層、プレゼンテーション層を意識することはありません。アプリケーションに関するアプリケーション層の機能を理解しておけば、全体の流れをつかむことができます。

アプリケーション層については、6章で詳しく解説します。

トランスポート層からアプリケーション層で、異なる機器間でうまくやり取りできるようにデータを変換する機器を**ゲートウェイ**といいます。

次の表にOSI参照モデルの概要をまとめます。

《OSI参照モデルの概要》

レイヤー	名称	解説	代表的な ネットワーク機器
第7層	アプリケーション層	ファイル転送や電子メールなどのアプリケーションの機能に関するルールが決められている	ゲートウェイ
第6層	プレゼンテーション層		
第5層	セッション層		
第4層	トランスポート層	データを正しく送るためのルールが決められている	
第3層	ネットワーク層	ネットワーク間の通信のルールや、通信の経路を選択する方法が決められている。相手との通信にはIPアドレスを使用する	ルーター
第2層	データリンク層	隣接する機器間での通信のルールが決められている。相手との通信にはMACアドレスを使用する	スイッチングハブ
第1層	物理層	ケーブルの形状や、電気信号などのルールが決められている	ハブ (リピータハブ)

OSI参照モデルの7階層については、理解できた？

理屈はわかった気がしますが、なんだか、しっくりきません……。

理解が難しいところなので、少し補足しておこう。
ここでは、メールを送る場合を例に説明しよう。

メールを送る場合、まず、アプリケーション層（第7層）に相当するメールソフトを使ってメールのデータを作成し、送信します。このとき、データが正しく送れるか（第4層：トランスポート層）、宛先までどのような経路で送るのがいいのか（第3層：ネットワーク層）、MACアドレスはいくつなのか（第2層：データリンク層）、どのようなケーブルが使われているか（第1層：物理層）といったことはまったく意識しません。

同様に、データを電気信号として送り出す物理層では、データの内容がメールなのかWebページのものかといったことはまったく意識する必要がないのです。

なるほど、ほかの層のことは気にしなくていいのですね。

それがポイントなんだ。
担当が明確に分かれているから、上下の層とのデータの受け渡しのルールさえきちんと守れば、機器やアプリケーションの開発者は、自分が担当する層のことだけを考えて開発ができる。

参考 TCP/IPモデル

OSI参照モデルのセッション層からアプリケーション層までの3層は、明確に区分できるものではないことをお伝えしました。実際、多くのアプリケーションでは、この3層を明確に分けていません。実は、OSI参照モデルよりもこの現実に即した、TCP/IPモデルという4階層のモデルがあります。TCP/IPとは、インターネットで使用されるプロトコルの総称です。
OSI参照モデルとTCP/IPモデルは、下図に示すように対応しています。
どちらのモデルも通信のルールを層に分けて整理したものですが、ネットワークの現場において、TCP/IPモデルはあまり使いません。まずはOSI参照モデルをきちんと理解しましょう。

《OSI参照モデルとTCP/IPモデル》

OSI参照モデル		TCP/IPモデル
アプリケーション層		アプリケーション層
プレゼンテーション層		
セッション層		
トランスポート層		トランスポート層
ネットワーク層		インターネット層
データリンク層		ネットワークインターフェイス層
物理層		

レイヤー間での処理

　送信するデータは、アプリケーション層で作成されます。そして、実際にデータが電気信号になって送信されるのは物理層です。通信を完了するためには、上位のアプリケーション層から物理層へと順にデータをバトンタッチしなければなりません。ここで行われるのがカプセル化と非カプセル化です。

　ここでも、メールの送信を例に流れを見てみましょう。

　まずアプリケーション層〜セッション層で、メールソフトを使ってメールのデータを作成し、トランスポート層に送ります。トランスポート層では上位層での処理は関知しないので、渡されたデータの内容を確認しません。受け取ったデータに、トランスポート層の処理に必要な情報をヘッダーとして付加します。以下の層でも同様に、ネットワーク層ではトランスポート層から渡されたデータにIPアドレスなどの情報をレイヤー3ヘッダー（L3ヘッダー）として付加し、データリンク層ではネットワーク層から渡されたデータにMACアドレスなどの情報をレイヤー2ヘッダー（L2ヘッダー）として付加します。このように上位層から受け取ったデータにヘッダーを付加する処理がカプセル化です。そして、物理層では受け取ったデータを信号に変換して相手に送ります。

　受信側では、送信側とは逆のプロセスで各層のヘッダーを外していき、最終的にはアプリケーション層で、メールのデータが取り出されます。このように、ヘッダーを外していく処理が非カプセル化です。

《カプセル化と非カプセル化》

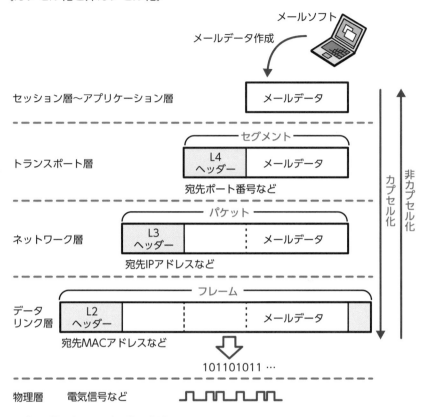

＊ポート番号に関しては5章で詳しく解説します。

　このときのヘッダー（データリンク層は末尾の部分も含む）とデータのセット
を**PDU**（Protocol Data Unit）といいます。PDUの名称は、層によって異なり
ます。トランスポート層（第4層）では**セグメント**[4]、ネットワーク層（第3層）
では**パケット**、データリンク層（第2層）では**フレーム**と呼ばれます。この場合
のセグメントは、先に説明したセグメントとは別のものです。パケットとフレー
ムという語はよく使われるので、覚えておきましょう。

※4　プロトコルによってはデータグラムと呼ばれる場合があります。

1章

物理層
と
ケーブル

一人だけインターネットに
接続できない！

着任2日目、情報システム部の電話が鳴る。電話応対も新入社員の大事な仕事だ。

「情報システム部の剣持でございます」と成子は大きな声で電話に出た。

「営業部の鈴木です。今日の朝から私のPCだけインターネットにつながらなくなって……。すぐに対応してもらえますか？」

鈴木は成子に状況を詳しく説明していった。

「わかりました。上司と相談して、すぐ対応するようにします」

成子は受話器を置いた。

「原因はなんだと思う？」

報告を受けた服部は、すぐさま、出かける準備をした。上着にさっと腕を通し、工具入れを手にした。

「昨日までは使えていたようなのです。ネットワーク機器が故障したのでしょうか？」

「鈴木さん以外の人は使えているから、可能性は低いね」

「じゃあ、ウイルス感染でしょうか？」

「その可能性もあるけど、もっと基本的なことかもしれない」

服部は小走りでエレベーターに向かった。成子も彼を追いかける。

「たとえばなんですか？」

「いくつかあるけど、今後、社内システムやネットワークは、すべて剣持さんに任せるつもりなんだ。だから、ネットワークの勉強も兼ねて、自分で調べられるようにしよう」

「わかりました」

成子は仕事を任される喜びと同時に、緊張と不安を覚えた。まだまだわからないことだらけだったからだ。

「インターネットに接続するには、インターネットにつながるまでの機器が適

切に動作して、しかも正しく設定されている必要がある。なので、仮にうまく通信できないという事象が発生した場合は、順番に機器や設定を確認していけば、接続できない理由がわかる」

「わかりました。まずはインターネットにつながる機器と設定ですね。しっかり勉強します」

「そして、OSI 参照モデルの7つのレイヤー」

「はい、第1層の物理層から始まって、最後は第7層のアプリケーション層です」

「ああ、順番に機器や設定を確認していく際に、第1層の物理層から調べるのが鉄則」

「鉄則ですか」

「そう。まずは、物理層の知識から学習していこう」

エレベーターが営業部の階に着く。成子は服部の後を追いかけながら、服部のキビキビとした対応に、背中の大きさを感じた。

1 物理層の役割

物理層が提供する機能

　序章で、物理層ではケーブルなどの物理的な形状や、電気信号などに関する取り決めをしていることを学習しました。

　ここでは、物理層の役割について、さらに詳しく見ていきましょう。

●「0」と「1」のデータを電気信号や光信号に変える

　物理層の大事な仕事は、コンピューターで処理される「0」と「1」からなるデータを相手に伝えることです。データは、電気信号や光信号として、ケーブル上に送出されます。

私が日本語で書くメールも「0」「1」のデータで送られるのですか？

もちろん。ケーブルは日本語とかわからないからね。

　このとき、たとえば電気信号であれば、「0」と「1」がそれぞれどのくらいの電圧に変換されるかといったことが、プロトコルによって決められています。そして、その取り決めに従い、送信側は「0」と「1」で構成されたデータを電気信号に変換してケーブルに乗せて送信し、受信側では受け取った信号から「0」と「1」のデータを組み立てます。

《電気信号でデータを伝送する仕組み》

送信側　　　　　　　　　　　　　　　　　受信側
電気信号
01001101
LANケーブル
電気信号に変換　　　　　　　　　　データに戻す

●NIC からケーブルやリピータハブを介して相手に信号を送る

　信号は、コンピューターのNIC（ニック）というパーツから、ケーブルを通して相手に送られます。LANで主に利用されるケーブルには、ツイストペアケーブルと光ファイバーケーブルがあります。物理層では、NICやケーブルに関しても規定されています。

　相手に信号を送るときに、リピータハブ[※1]という機器を経由することがあります。リピータハブには複数のポートがあり、コンピューターやプリンターなどの機器とLANケーブルで接続されます。リピータハブを介することで、3台以上の機器を接続したネットワークを構成することができます。

　送信される距離が長くなると、信号は次第に弱まり崩れていきます。リピータハブには弱った信号を増幅する機能があるため、リピータハブを中継機として使用することで、ネットワークの接続距離を伸ばすことができるのです。

　次節から、物理層で動作する機器や処理の仕組みについて、詳しく説明していきます。

※1　現在ではリピータハブを使うことはほとんどありません。2章5節で解説する、リピータハブの高機能版であるスイッチングハブが使われています。

2 NIC

NICとは

NIC（ニック）はNetwork Interface Cardの略で、その名のとおり、機器とネットワークとのインターフェイス（接点）として両者を接続するカード状のパーツです。ネットワークアダプターやネットワークカードとも呼ばれます。このパーツを介してデータが送受信されるため、コンピューターなどの機器がLANに接続するには、必要不可欠です。ほとんどのPCにはNICが内蔵されていますが、PCを自作する場合や、大規模なネットワークで使用されるサーバーなどでは、次の写真のようなNICを別途購入して装着します。

《NIC（2ポート用)》

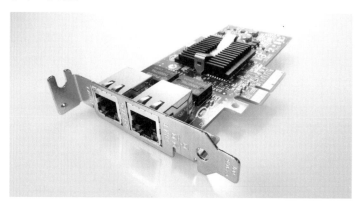

NICのポート（インターフェイスとも呼ばれます）には、次の写真のように
LANケーブルを接続します。このポートの形状をRJ-45といいます。

NICには、通信の方式や速度が設定されています。詳しくは2章4節内の「通
信方式の設定」で説明します。

《RJ-45（LANケーブル用のインターフェイス）》

参考 HBA

一般的なPCに光ファイバーケーブルを
接続することはほとんどありませんが、
高スペックなサーバーには、HBA（Host
Bus Adapter）と呼ばれる光ファイバー
ケーブル用のインターフェイスがあり、
光ファイバーケーブルを接続することが
できます。

《HBAに光ファイバーケーブ
ルを接続したところ》

1

3 ツイストペアケーブル

ツイストペアケーブルとは

次に、ネットワークを物理的に接続するケーブルについての理解を深めましょう。

コンピューターにつながっている LAN ケーブルのことですね。

そう。でも、LAN ケーブルといってもいろいろあるんだ。

LAN接続に利用されるケーブルは、ツイストペアケーブル、光ファイバーケーブル、同軸ケーブルの3つに大別できます。

最も一般的に使用されているのは、ツイストペアケーブルです。非常に普及しているので、LANケーブルとツイストペアケーブルという語は、ほぼ同義に使われています。本章ではケーブルの種類を明確にしたい場合のみ、ツイストペアケーブルという語を使用します。

ツイストペアケーブルは、8本の銅線を2本ずつ対（ペア）にしてより合わせた（ツイストした）ケーブルです。「より対線」と呼ばれることもあります。シールド[※2]に覆われたSTP（Shielded Twisted Pair）ケーブルと、シールドのないUTP（Unshielded Twisted Pair）ケーブルの2種類があります。

STPケーブルはシールドで保護されていてノイズに強いため、高速な通信に使用されます。一方、シールドに覆われていない**UTPケーブル**は、STPケーブルに

※2　**シールド（shield）**：「盾」という意味で、外部からのノイズの影響を防ぐために用いられる被覆です。

比べてノイズの影響を受けやすいのですが、取り扱いが簡単で安価であることから広く普及しています。

《STPケーブル（左）とUTPケーブル（右）》

シールド　　　　銅線

STP ケーブルを開いたところ。
シールドで覆われていることがわかる。

UTP ケーブルを開いたところ。

●ツイストペアケーブルのコネクター

　ツイストペアケーブルの末端は、RJ-45コネクター（プラグともいいます）になっています。RJ-45コネクターは、RJ-45ポートに対応します。大きさやピンの数などの仕様は統一されているので、どのメーカーのコンピューターやリピータハブでも、もちろん利用できます。

《RJ-45コネクター》

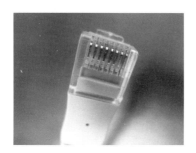

　コネクター部分をよく見てみましょう。8本の銅線がそれぞれ金属のピンに接続されています。この8本の銅線には、それぞれ用途が定められています。

●ツイストペアケーブルの最大ケーブル長

　ネットワークで使用できるツイストペアケーブルの長さは、最大で100mです。それ以上になると、減衰（距離とともに信号が弱くなる）や遅延（信号を送るのに時間がかかり過ぎる）などが原因で、正常な通信が難しくなります。ただし、100mというのはあくまでも規格で定められている値です。実際にはもう少し長い距離でも通信できることがありますし、逆に真夏の高温な室内などでは抵抗が大きくなるので、100m未満でも通信できないこともあります。

　そのような場合、リピータハブなどのネットワーク機器を中継機として利用します。リピータハブは信号を整えたり増幅したりすることができるので、接続距離が100m以上のLANを構築することができます。

《リピータハブによる接続距離の延長》

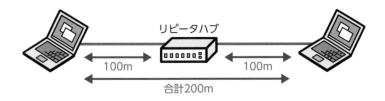

カテゴリー

　ツイストペアケーブルは、伝送する信号の周波数や伝送速度、伝送距離、ノイズ耐性などによって、以下の表のようなカテゴリー（category：区分）に分類されます。

　カテゴリーの規定以上の機能は期待できないため、たとえば、1Gbps（1,000Mbps）の伝送速度を実現するには、その速度に対応するカテゴリー5e（Cat5e）以上の規格のケーブルを、10Gbpsであればカテゴリー6A（Cat6A）以上の規格のケーブルを使う必要があります。

　上位のカテゴリーほど性能が優れていますが、そのぶん価格が高くなります。利用したいネットワークの速度と価格のバランスを考慮して、ケーブルを選択しましょう。

《ツイストペアケーブルのカテゴリー》

カテゴリー	最長距離	最大速度	UTP/STP
Cat5	100m	100Mbps	UTP
Cat5e	100m	1Gbps	UTP
Cat6	100m（10Gbps の場合は 55m）	1Gbps/10Gbps	UTP
Cat6A	100m	10Gbps	UTP/STP
Cat7	100m	10Gbps	STP
Cat7A	50m（100Gbps の場合は 15m）	40Gbps/100Gbps	STP
Cat8	30m	40Gbps	STP

＊ Cat5e の「e」は enhanced（高めた）、Cat6A の「A」は augmented（拡張された）の意味であり、どちらも、
　同じカテゴリー内での品質を高めた規格です。
＊ 速度の単位は 40 ページの「【参考】データ伝送に関する用語」を参照してください。
＊ Cat5（Cat5e）や Cat6 では、一部 STP の製品もあります。

伝送速度が速くなると、UTP ではなく STP を使うのですね。

うん。伝送速度が高速になると、ノイズを防ぐために、シールド
で保護された STP ケーブルが必要になるんだ。

ストレートケーブルとクロスケーブル

　ここまでUTPケーブルとSTPケーブルについて説明しました。これはシールド
の有無による分類です。これとは別に、ツイストペアケーブルは、コネクター部
分の銅線の配置によって、ストレートケーブルとクロスケーブルに分類すること
ができます。ストレートケーブルとクロスケーブルは、機器のポートの種類によっ
て使い分けます。

　ツイストペアケーブルを接続するポートには、MDI（Medium Dependent
Interface）とMDI-X（Medium Dependent Interface Crossover）の2種類
があります。コンピューター、プリンター、ルーターなどにはMDIポートが、
リピータハブやスイッチングハブにはMDI-Xポートが備えつけられています。

ポートには1番から8番のピンがあり、それぞれ送信用、受信用、未使用の3種類に分類されます。まず、Cat5ケーブルなどによる100Mbps通信の場合を解説します。MDIポートでは1、2番ピンをデータ送信用に利用し、3、6番ピンをデータ受信用に利用します。4、5、7、8番ピンは使用しません（《ストレートケーブルの接続》の図の左を参照）。一方、MDI-Xポートでは1、2番ピンをデータ受信用に利用し、3、6番ピンをデータ送信用に利用します（《ストレートケーブルの接続》の図の右を参照）。

MDIのポートを持つコンピューターからMDI-Xのポートを持つスイッチングハブにデータを送る場合、以下の図に示すような結線になっているストレートケーブルを使います。これによって、コンピューターの送信用ピン（1、2番）が、スイッチングハブの受信用ピン（1、2番）に接続され、正常に通信ができることになります。

《ストレートケーブルの接続》

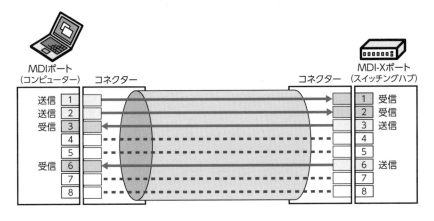

一方、MDIポート同士で通信する場合は、ストレートケーブルでは、送信用ピン（1、2番）が同じく送信用ピン（1、2番）に接続されてしまいます。受信用ピン（3、6番）に接続したいので、1番ピンが3番ピンに、2番ピンが6番ピンに接続されるように結線を変えたクロスケーブルが必要になります。

《クロスケーブルの接続》

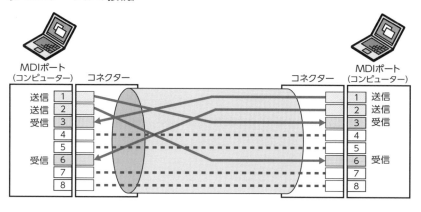

接続機器と使用するケーブルの関係を整理すると、次の表のようになります。

《機器によるケーブルの使い分け》

	コンピューター、プリンター、ルーター（MDI）	リピータハブ、スイッチングハブ（MDI-X）
コンピューター、プリンター、ルーター（MDI）	クロスケーブル	ストレートケーブル
リピータハブ、スイッチングハブ（MDI-X）	ストレートケーブル	クロスケーブル

参考 Auto MDI/MDI-X

上記の表に示されているように、コンピューターとルーターや、スイッチングハブ同士を接続する場合は、クロスケーブルを使用する必要があります。しかし、最近のネットワーク機器では、ほとんどの場合、ストレートケーブルで接続しても正常に通信できます。

それは、多くのルーターやスイッチングハブがAuto MDI/MDI-Xと呼ばれる機能を備えていて、接続機器のポートがMDIかMDI-Xかを識別して、自ポートの結線を自動的に切り換えることができるからです。

次に、Cat5e以上のケーブルによる1,000Mbps以上の通信の場合です。100Mbps通信では使わなかった4、5、7、8番のピンを含め、8本すべてを送受信に使うことで高速通信を実現しています。また、1,000Mbps以上の通信を行う場合は、機器側でAuto MDI/MDI-X機能を実装するように通信規格で定められています。

ということは、1,000Mbps の通信に対応したコンピューター同士を直接接続する場合は、ストレートケーブルで通信できるのですか？

そうなんだ。ちなみに、クロスケーブルでももちろん通信可能だ。

最近では1,000Mbps以上の通信が当たり前です。ストレートケーブルを使うことがほとんどで、クロスケーブルの必要性が薄れてきています。

 参考 **データ伝送に関する用語**

ネットワーク（ケーブル）上を伝送されるデータやその量を**トラフィック** (traffic) といいます。trafficには、「交通」や「交通量」といった意味があります。
データを伝送する伝送路の太さは、**帯域幅**（たいいきはば）という言葉で表現されます。「伝送路の太さ」は、ケーブルの見た目が太いとか細いということではなく、データの通り道の広さを意味します。伝送路が広ければ多くのトラフィックを処理することができ、伝送速度は速くなります。
データの伝送速度は、**bps**（ビーピーエス）(bits per second) という単位で表されます。英語が示すとおり、1秒 (second) あたり (per) に、どれだけのビット数 (bits) を伝送できるかという意味です。
14ページの「データの単位」でも説明したように、1,000倍ごとにkbps、Mbps、Gbps、Tbpsというふうに接頭語が変わっていきます。

参考 同軸ケーブル

同軸ケーブルは、内部にある導体を絶縁体で覆い、その周りに外部導体、保護被覆で覆う、同心円の構造をしています。主にテレビのアンテナで利用される通信ケーブルで、かつてはLAN用のケーブルとしても使用されていました。

《同軸ケーブルの構造》

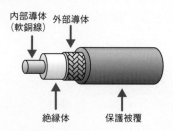

内部導体（軟銅線）　外部導体　絶縁体　保護被覆

4 光ファイバーケーブル

光ファイバーケーブルとは

　光ファイバーケーブルは、信号を送る伝送媒体に光ファイバーを用いたケーブルです。ツイストペアケーブルに比べて伝送速度が速く、長距離通信が可能です。

《ツイストペアケーブルと光ファイバーケーブル》

左側がツイストペアケーブル、右側が光ファイバーケーブル。

　まず、光ファイバーは、中心部の光が通るコアと、それを覆って光が漏れないようにするクラッドで構成されています。

《光ファイバーの構造》

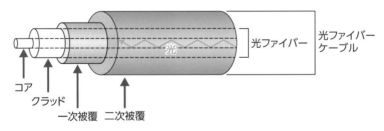

コア
クラッド
一次被覆　二次被覆
光ファイバー
光ファイバー
ケーブル

　そして、光ファイバーケーブルは、壊れやすい素材でできている光ファイバーを破損したりしないようにいくつかの被覆で覆ったものです。光は、コアとクラッドの境界面で反射し、コアの部分に閉じ込められたまま伝送されます。光ファイバーが曲がっていると、光が境界面で反射せずにクラッド側に漏れてしまうおそ

れがあり、最悪、通信できなくなってしまうため、光ファイバーは一般的に、曲げに弱いという性質があります。

●光ファイバーケーブルのコネクター

ツイストペアケーブルの先端には、RJ-45コネクターが接続されていました。光ファイバーケーブルの場合は、サイズが大きいSCコネクターと、小さいLCコネクターがあります。最近では、LCコネクターを使用するのが一般的です。

《SCコネクター（左）とLCコネクター（右)》

大きさが違うということは、スイッチングハブ側の接続ポートも異なるのでしょうか？

そうなんだ。具体的に説明しよう。

光ファイバーケーブルをスイッチングハブなどの機器に接続するには、光信号を電気信号に変換するモジュールが必要です。SCコネクターはGBIC (Gigabit Interface Converter) というモジュール（正式にはトランシーバー）に接続し、LCコネクターはSFP[※3]というモジュールに接続します。SFPはGBICの半分以下の大きさであることから、Mini-GBICと呼ばれることもあります。

※3　**SFP**：Small Form Factor Pluggable。主に1Gbps対応のものを指し、10Gbps対応のものはSFP+、40Gbps対応のものはQSFP+といわれます。

《SCコネクターとGBIC》

《LCコネクターとSFP》

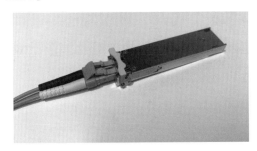

　次の写真は、実際に光ファイバーケーブルにSFPモジュールを接続し、スイッチングハブのSFPポートに接続した様子です。SFPとGBICは接続ポートが異なるため、どちらを接続できるかはスイッチングハブに依存します。

《SFPの接続》

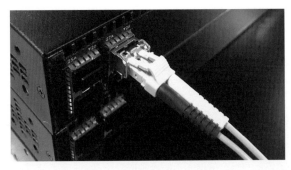

　GBICやSFPは光ファイバーケーブル専用のモジュールではありません。ツイストペアケーブル用のSFPを接続すれば、ツイストペアケーブルを接続することも可能です。

シングルモードとマルチモード

　光ファイバーケーブルには、コアの直径が細く、光の通り道が1つのシングルモードファイバー（SMF：Single Mode Fiber)と、コアの直径が太く、光の通り道が複数のマルチモードファイバー（MMF：Multi Mode Fiber）の2つがあります。シングルモードの光ファイバーは、長距離伝送が可能なため、遠く離れた建物間であったり、海外とつなぐ海底ケーブルにも利用されています。一方、マルチモードの光ファイバーは、シングルモードに比べてケーブルの曲げに強くて使いやすいこともあり、企業内のLANで広く利用されています。

《シングルモードとマルチモード》

	シングルモード	マルチモード
コア（光が通る部分）の直径	約9μm[*1]	50μmまたは62.5μm
光の経路	1つ（シングル）	複数（マルチ）
材質	主に石英ガラス	主にプラスチック
価格	高価	安価[*2]
伝送距離	最長40km	550m（1Gbpsの場合）
扱いやすさ	コアが細いため、曲げに弱い	コアが太く、プラスチック製であるため、シングルモードに比べて曲げに強い

＊1　μ（マイクロ）は10^{-6}を表します。
＊2　価格は生産量なども関係しているため、実勢価格は一概に高い安いとはいえません。

ツイストペアケーブルとの違い

> ツイストペアケーブルと光ファイバーケーブルはどう違うのですか？

> 素材と伝送する信号が違うんだ。

ツイストペアケーブルは、データを送る部分の素材（伝送媒体）として銅線が用いられています。また信号としては、電圧の高低で0か1を判断する電気信号を使用します。

《光ファイバーケーブル（左）とツイストペアケーブル（UTP／右）の内部》

被膜に覆われた光ファイバー　　　　　被膜　　　　　　被膜　　　　　　　　　　銅線

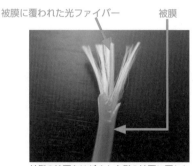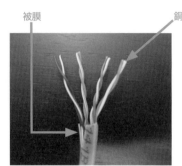

外側の被覆をはがすと内側の被覆に覆われ　　　被覆をはがすと銅線が出てくる。
たプラスチックの光ファイバーが出てくる。

　光ファイバーケーブルでは、素材として石英ガラスやプラスチック性の光ファイバーが使用されます。

　信号は光が点灯しているかどうかで0か1を判断する光信号で、非常に高い周波数帯で送信することができます。

　これらの違いによって、光ファイバーケーブルでは、長距離かつ高速伝送が可能になりました。たとえば、ツイストペアケーブルとして広く使用されているUTPを使ったLANでは、最長伝送距離が100mです。一方、光ファイバーケーブルを使うと、550mや、条件によっては数十kmも伝送が可能です。また、10Gbpsのほか、40Gbpsや100Gbpsという高速通信に対応したケーブルもあります。

　しかし、光ファイバーケーブルはUTPに比べて高価です。対応するネットワーク機器も限定され、光ファイバーケーブルを接続するためのモジュールも必要になります。また、材質の性質により曲げなどに弱く、足元に配線して踏みつけたりすると破損するおそれがあります。どのようなネットワークで使用するのかを考慮し、適切なケーブルを選択する必要があります。

　本節のまとめとして、次の表にツイストペアケーブルと光ファイバーケーブルの特徴を掲載します。

《ツイストペアケーブルと光ファイバーケーブルの特徴》

	ツイストペアケーブル	光ファイバーケーブル
特徴	安価で、コンピューターやスイッチングハブにそのまま接続できるので、企業内 LAN や家庭でも広く利用されている	ノイズに強く、広帯域、長距離伝送が可能であり、通信会社のインフラや企業における幹線として利用されている
伝送部分の媒体	銅線	光ファイバー （石英ガラスまたはプラスチック）
信号の送り方	電気信号 （電圧の高低で 0 か 1 を判断）	光信号（光が点灯しているか消灯しているかで 0 か 1 を判断）
ケーブルの種類	・UTP ケーブル ・STP ケーブル	・シングルモードファイバーケーブル（SMF） ・マルチモードファイバーケーブル（MMF）
伝送距離	短い（最長 100 m）	長い（最長 40km）
伝送速度	1Gbps が中心で、 おおむね 10Gbps まで	40Gbps や 100Gbps も可能
コネクターの形状	RJ-45	・GBIC に接続する SC コネクター ・Mini-GBIC（SFP）に接続する LC コネクター　など
ノイズの影響	ほかのツイストペアケーブルなどから出る電磁波の影響を受けやすい	影響を受けにくい
扱いやすさ	光ファイバーケーブルに比べて曲げに強い	曲げに弱く壊れやすい

5 リピータハブ

リピータハブの機能

　物理層で動作する代表的なネットワーク機器に、ハブがあります。

　ハブは、ネットワーク内の複数の機器を接続して相互に通信できるようにする機器です。ハブにはいくつか種類があり、物理層で規定された機能のみを処理するハブのことを、特に**リピータハブ**といいます。単にハブ、あるいはシェアードハブということもあります。

いろいろな言い方があるんですね。

ほかにも、「あまり優秀じゃないハブ」という意味で、「バカハブ」と呼ぶこともあるよ。あまり美しい表現ではないんだけど、現場ではたまに使われるんだ。

　リピータハブは、次のような基本機能を備えています。

●電気信号を伝える

　リピータハブでは、機器から受け取った電気信号を、信号を受信したポート以外のすべてのポートから送信します。このとき、減衰した電気信号を整え、増幅します。すでに述べたとおり、この機能により、リピータハブを経由することで、ツイストペアケーブルの最大伝送距離が100mという制限を超えて通信することができます。

《電気信号を整形・増幅し中継する》

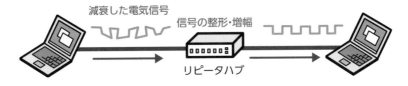

減衰した電気信号

信号の整形・増幅

リピータハブ

●複数のケーブルを束ねる

　ネットワークを構築するには、機器同士を接続する必要があります。ネットワーク内の機器の数が増えてくると、ケーブルを接続するためにたくさんのポートやケーブルが必要になります。リピータハブを使用すると、複数の機器からのケーブルを取りまとめることができ、少ないケーブルですっきりしたネットワークを構築することができます。ハブは、LANを構築するには必須の機器です。

《複数のケーブルを束ねてネットワークを構成》

ハブがないと

ハブを使うと

ハブ

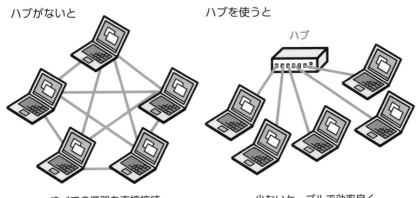

すべての機器を直接接続
しなければならない

少ないケーブルで効率良く
ネットワークを構築できる

リピータハブの問題点

　本来、データは目的の機器（宛先）だけに送り届けられるべきです。しかし、リピータハブは、データを適切なポートに選択的に送信する機能を備えていないため、受信したポート以外のすべてポートから電気信号を送出します。接続されているすべての機器にデータが送信されるため、不要なデータがネットワーク上を流れてしまい、ネットワークの効率が低下します。

《リピータハブの動作》

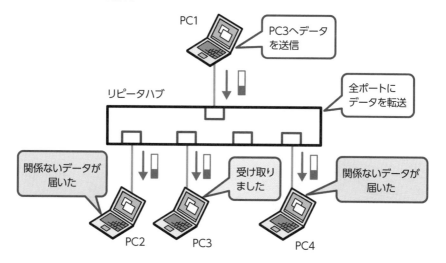

　この欠点を改善し、送りたいポートにだけデータを送れるハブがスイッチングハブです。オフィスで一般的に使用されているのはこのスイッチングハブです。物理層とデータリンク層にまたがって動作するので、2章で詳しく解説します。

トラブル 1

解決 » LANケーブル

さて、営業部の鈴木のPCはインターネットに接続できるようになったのでしょうか。

「服部さん、このPCなんです。なんとかしてください。午後イチまでに会議の資料を作らなければならなくて」

「ちょっと見せてください」

そう言って、服部はPCを起動して設定を確認し始めた。そして、何点か質問攻撃をする。

「ほかの皆さんはつながるんですよね」

「はい、つながらないのは私だけです」

「昨日まではつながっていたんですよね」

「はい。昨日の帰宅前まではインターネットを見ることができたのですが、今朝になってPCを起動すると、インターネットに接続できなくなっていました」

「昨日の夜から今朝までに何かなかったですか？ PCの設定を変えたとか、怪しいファイルをダウンロードしたとか……」

「いえ、特にこれといったことはしていません」

成子が小声で服部に確認する。

「主任、その質問、原因究明に関係があるんですか？」

「もちろん。ほかの人が通信できるということは、わが社のネットワーク上にあるルーターなどに問題はない。問題があるとすると、鈴木さんのPCが接続されているスイッチングハブのポート、鈴木さんのLANケーブル、PCとNICに限られる」

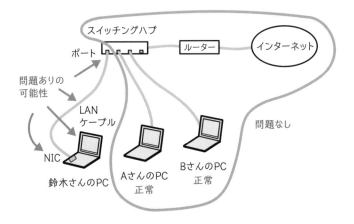

「なるほど。でも、鈴木さんの PC に問題がある場合、原因はいろいろとあり
そうですね」成子は自分なりに考えている。

「たしかに、可能性はたくさんある。でも、トラブルなんて、9 割以上が単純
なことなんだよ。たとえば、LAN ケーブルが抜けかけているとか……」

服部はそう言って、机の下にもぐった。そして、すぐに起き上がって PC をい
じりだす。

「スイッチングハブを動かすようなことはしていませんでしたか?」

服部が鈴木に質問する。

「特にそういうことは……。あっ! 早朝に、掃除の女性がこのあたりで掃除
機をかけていました」

「きっとそれですね。ケーブルが抜けかかっていました。ケーブルのピンの先
が折れているので、また同じように抜ける可能性があります。新しいケーブル
に変えておきますね」

「そんな単純なことだったんですね」

服部は工具入れから新しい LAN ケーブルを出し、ツメが折れたケーブルと入
れ替えた。

「何かあれば、いつでも相談してください」

服部は笑顔で鈴木と別れた。服部と成子は自席に向かった。

「服部主任、原因を一瞬で探し当てるなんて、さすがですね」

「当然だ。剣持さんの勉強のためにいろいろと質問をしたけど、PCのネットワーク設定の状態を見たら、原因がケーブルであることは瞬時にわかったよ」

「私も早く主任みたいになりたい」

そういう成子を見て服部は大きくうなずき、アドバイスをした。

「ネットワークトラブルの原因を調査するときに大事なのは、切り分け。僕のやり方が参考になったと思う」

「はい」

成子は真剣な目でそれに応えた。

「繰り返しになるが、切り分けをするとき、OSI参照モデルの低いレイヤー、つまり物理層から順に確認していくといいよ。だから、物理層の確認事項として、ストレートとクロスなどのケーブルの種類は適切か、ケーブル不良でないか、ケーブルがスイッチングハブにきちんと接続されているか、ネットワーク機器の電源は入っているか、などをチェックする。そして、物理層が問題ないと確認できたら、その上のレイヤーに問題はないかを見ていくんだ」

「上位層では何を確認するのですか」

「まあ焦らない、焦らない。ネットワークは覚えることが幅広いし奥が深い。上位層については、これからじっくり説明するよ」

ネットワークがつながらないときの対処法

今回のトラブルの原因を知って、「なんとくだらない」と思った人も多いでしょう。たしかに、ネットワークのトラブルの中には、パケットのデータサイズの設定が不適切であったり、ソフトウェアのバグが原因だったり、マルウェア感染に起因したりなど、やや難しめのトラブルもあります。でも、それらが原因であるケースは、ごくごく稀です。私の長いネットワークエンジニアとしての経験を振り返ると、ケーブルが緩んでいたとか、スイッチングハブの電源ケーブルが抜けていたとか、サーバーが停止していたなどの初歩的な原因が大半を占めます。ですから、ネットワークがつながらない場合は、ケーブルが抜けていないかといった基本的なところもきちんと確認していきましょう。

ネットワークは今や企業の生命線になっていて、つながらなくなると多くの業務が停止してしまいます。ですから、トラブルが発生すると、現場の人は混乱したり、「早く直せ」と情報システム部門の担当者を怒鳴りつけたりと、ちょっとしたパニックになることもあります。こんなときは冷静さを失いがちですが、そうなると原因究明やトラブル解消はどんどん遅くなってしまいます。冷静になること、全体像を見極めること、事象を正確に把握することが大事です。

そのために重要なのが、服部が言っていた「切り分け」です。たとえば、全社員が使えないのか、特定の部署に所属する人だけが使えないのか、もしくは、一人の社員だけが使えないのかを確認することで、原因を絞り込むことができます。全社員が使えないのであれば、インターネットの出口にあるルーターの故障などの可能性があります。特定の部署の社員だけが使えないのであれば、スイッチングハブの問題が考えられます。一人の社員だけがつながらない場合は、その社員のケーブルや、PCの設定に問題がある可能性が高くなります。

そして、正常な通信ができる人とできない人で何が違うのかを明らかにし、機器やケーブルを入れ替えたり、設定を最小限にしていくなどの切り分けを進めていきます。こうすることで、目に見えないネットワークのトラブルの原因を、順序立てて絞り込んでいくことができるのです。

章

LAN
と
イーサネット

ネットワークが遅い！

「主任、製品工場でネットワーク機器を入れ替えたらしいんですけど、通信が
すごく遅くなったみたいなんです」

電話を受けた成子が、服部に説明する。

「わかった。じゃあ現場に行ってみよう」

成子と服部の二人は製品工場に向かった。担当の山本が状況を説明する。

「これなんですよ。建物内には 2 台のスイッチングハブがあるんですが、その
うち、このフロアにある 1 台のスイッチングハブを 1Gbps 対応の新しい機器
に入れ替えたんです。これまでは、たった 100Mbps の速度しか出ない古い
スイッチングハブを使っていました。スピードが遅すぎたので、この変更で今
日から 1Gbps になるハズと期待していたんです」

「今は 1Gbps のスイッチングハブがほとんどですからね」と服部がうなずく。

「そうなんです。それに、昔に比べてとても安くなったので、手頃な価格のスイッ
チングハブに更新したんです」

「なるほど、ケーブルも新しくしましたか？」

「もちろん。1Gbps の速度に対応したカテゴリー 6 っていうんですかね。そ
のケーブルに全部置き替えています。ですから、ケーブルが不良ということは
ないと思います」

「スイッチングハブもケーブルも新しくて、これまでは使えていた。スイッチ
ングハブを入れ替えてから逆にネットワークが遅くなったか……」

服部は手を口元にあてて少し考え出した。

「スイッチングハブが壊れてるんじゃないんですか？」と成子が口を挟む。

すると、服部がこう反論した。

「短絡的な発想だな。スイッチングハブなんて、めったに壊れない」

「そうですか」

成子は "スイッチングハブは、めったに壊れない" と手帳にメモする。

「スイッチングハブの別のポートで試してもダメなんですよね?」と服部が山本に確認する。

「そうなんです。ケーブルを入れ替えたり、いろいろと試したんですけど、全部ダメでした」

成子は、服部が山本に質問する内容を聞き、最下層のレイヤーから原因を探ることで「切り分け」をしていることが理解できた。

「わかりました。確認しますので、少しだけお時間ください」と服部が言った。

山本が見えなくなるのを見計らって、成子が服部に聞いた。

「主任、原因がわかったんですか?」

「いや、まだわからない。だけど、何か原因があることは間違いない。切り分け以外の方法も駆使して順番に確認していけばわかるハズだ」

「私にはさっぱりわかりません」

「まあ、最初は誰でもそうだよ。確認するにしても、スイッチングハブの仕組みや LAN の基本的なことを知らないと、どこをどう確認すればいいのかわからないからね」

服部の優しい言葉に、成子はつい服部を見つめて次の言葉を待った。

「では、このトラブルを解決するために、LAN の基礎を学んでいこう」

1 データリンク層の役割

データリンク層が提供する機能

ネットワークを理解するには、OSI 参照モデルのレイヤーを意識するようにと言ったね。1 つの敷地内で構築されるネットワークである LAN は、どのレイヤーで動作すると思う？

たしか、セグメント内での通信の取り決めをしているのがデータリンク層だったので、データリンク層が関係していると思います。

そうだね。LAN では隣り合う機器同士でデータをやり取りする。で、そのための通信はケーブルを介して行われる。だから、LAN は物理層とデータリンク層で動作するということができるんだ。

ではここで、データリンク層の役割を再確認しましょう。

●同一セグメント内の機器間で、データを正しく送信する

　データリンク層の役割を一言でいうと、「同じセグメントにある機器間でデータを正しく送受信すること」です。

　データリンク層では、宛先の識別に機器に割り当てられているMACアドレスと呼ばれる情報を使います。MACアドレスで宛先を判断することで、目指す機器にだけ、適切にデータを送り届けます。

　また、ほかの機器が送信するデータとケーブル上でぶつかり合いが発生しないようにデータを送信するタイミングを調整し、さらにデータが欠落していないかのチェックも行います。

●データをフレームにまとめる

　データリンク層では、上位層から送られてきたデータに、正しい相手に届けるためのMACアドレスなどの情報を含んだヘッダーをつけてカプセル化し、物理層に渡します。このとき付与されるヘッダーをレイヤー2ヘッダー（L2ヘッダー）、カプセル化によってひとまとめになったデータの単位をフレームといいます。

《データリンク層におけるカプセル化》

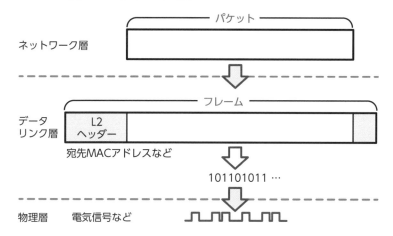

2 MACアドレス

MACアドレスとは

MACアドレス（Media Access Control address）は、ネットワーク機器やPCなどに、世界で1つしか存在しないように割り当てられた固有の番号です。物理アドレスとも呼ばれます。

データリンク層では、通信の宛先や送信元はMACアドレスで識別されます。

MACアドレスは48ビットからなり、1バイトごとに「-」や「:」で区切った16進数で表記されます。

《MACアドレスのフォーマット》

$$60-A4-4C-07-89-2B$$

| ←製造者ごとの番号（24ビット）→ | ←機器ごとの番号（24ビット）→ |

前半24ビットはOUI（Organizationally Unique Identifier）と呼ばれる製造者ごとの番号です。ここを見れば、その機器を製造したメーカーがわかります。たとえば、00-1B-63はApple、00-1D-09はDELL、この例の60-A4-4CはASUSというメーカーのものです。後半24ビットは、製造者が機器ごとに割り当てる機器コードです。

● MAC アドレスを見てみよう

さっそくですが、自分のPCのMACアドレスを見てみましょう。ここでは、Windows 10のPCを例に説明します。

MACアドレスを確認するには、文字でコマンド（命令）を入力してPCを操作するコマンドプロンプトというツールを利用します。

①Windowsの画面左下の「スタート」ボタン（⊞）をクリックし、表示される

アプリの一覧から「Windowsシステムツール」をクリックして展開します。

②展開されたメニューの中にある「コマンドプロンプト」をクリックすると、コマンドプロンプトが起動します。

③コマンドプロンプトを起動すると、画面には「c:¥>」などの文字が表示されています。この部分をプロンプトといいます。プロンプトに表示される文字は環境や設定により異なります。プロンプトの後の白く点滅している四角がカーソルです。ここにコマンドを入力して Enter キーを押すと、コマンドが実行されます。

　ここでは、NICに設定されたさまざまなネットワーク関連の設定状況を確認するために、ipconfigというコマンドを使用します。「ipconfig /all」と入力すると、すべての設定情報が表示されます。「ipconfig /all Enter」と入力してみましょう。

《「ipconfig /all」の結果》

「イーサネット アダプター イーサネット」の「物理アドレス」という項目に

記された「60-A4-4C-07-89-2B」が、このPCのNICに割り当てられたMACアドレスです。

なるほど。PCやネットワーク機器などに MAC アドレスが 1 つずつ割り当てられているのですね？

いや、正確には、PC などの機器単位ではなく、NIC、つまりネットワークアダプター単位で割り当てられているんだ。

　たとえば、最近の一般的なノートPCには、有線LANで接続するためのネットワークアダプターに加えて、無線LAN用（8章を参照）のネットワークアダプターが搭載されていて、それぞれにMACアドレスが1つずつ割り当てられています。

MACアドレスの種類

　12ページで、LANにおける通信は、宛先によって3種類に分けられることを説明しました。それぞれの通信では、以下のMACアドレスを宛先に指定します。

《通信の種類と宛先MACアドレス》

通信の種類	宛先 MAC アドレス
ブロードキャスト	すべての機器を意味する FF:FF:FF:FF:FF:FF [*]
ユニキャスト	通信相手の MAC アドレス
マルチキャスト	マルチキャスト固有の MAC アドレス (01-00-5E で始まる MAC アドレス)

＊ 16 進数の F を 2 進数で表すと 1111 です。FF:FF:FF:FF:FF:FF は、すべてが 1 であることを意味します。

3 イーサネット

イーサネットとは

　LANにはいくつかの規格があります。有線LANで、私たちが日頃使っているのは**イーサネット**（Ethernet）と呼ばれる規格です。皆さんも、この言葉を耳にしたことがあるかもしれません。それ以外の規格は、現在はほとんど使われていません。

イーサネットの規格

　イーサネットは、伝送速度やケーブルの種類などによって、さらに細かな規格に分類されます。

　イーサネットの規格は、次の方法で表記されます。

《イーサネット規格の表記方法》

　左から順に、伝送速度（1,000Mbps）、伝送方式（BASEはベースバンド方式）、ケーブルの種類（Tはツイストペアケーブル）を示しています。表記の詳細は、65ページの「【参考】イーサネット規格の詳細」を参照してください。

次の表に、イーサネットの主な規格をまとめます。

《イーサネットの主な規格》

規格	伝送速度	ケーブルの種類	最長伝送距離
100BASE-TX	100Mbps	ツイストペアケーブル（UTP Cat5 以上）	100 m
1000BASE-T	1Gbps	ツイストペアケーブル（UTP Cat5e 以上）	100m
1000BASE-SX		光ファイバー（マルチモード）	550m
1000BASE-LX		光ファイバー（マルチモード、シングルモード）	マルチモード（550m）シングルモード（5km）
10GBASE-T	10Gbps	ツイストペアケーブル（UTP Cat6A、STP Cat7 以上）	100m
10GBASE-SR		光ファイバー（マルチモード）	300m
10GBASE-LR		光ファイバー（シングルモード）	10km
10GBASE-ER		光ファイバー（シングルモード）	40km

＊距離は、製品や規格によって変わりますので、目安と考えてください。

規格が多すぎて、覚えられません……。

まあ、これは無理して覚える必要はないよ。
でも、表記方法を理解して、規格名から伝送速度やケーブルの種別を判読できるということは覚えておこう。

参考 イーサネット規格の詳細

イーサネットの伝送方式にはベースバンド方式とブロードバンド方式があります。規格名の「BASE」の部分はベースバンド方式であることを示しています。ベースバンド方式は、デジタルデータをそのまま伝送する方式で、現在利用されているイーサネットはすべてこの方式です。一方ブロードバンド方式では、デジタルデータをアナログデータに変換して伝送します。

規格名のハイフン以降は、伝送に使用するケーブルの特徴を表しています。たとえば10GBASEに続く「SR」はshort range（短距離）、「LR」はlong range（長距離）、「ER」はextended range（超長距離）を表しています。「SR」「LR」「ER」では光ファイバーを使用するので、光ファイバーの伝送距離の長短を意味しています。

1000BASEに続く「SX」はshort wavelength（短波長）、「LX」はlong wavelength（長波長）を表しています。

100BASEに続く「TX」はツイストペアケーブルを使用する100BASE-T規格の中の1種類であることを示しています。

必ずしも英語の略語にはなっていませんが、規格の特徴を判断するヒントになりますね。

イーサネットフレームの構造

　データリンク層では、上位層から送られてきたデータにレイヤー2ヘッダー（L2ヘッダー）をつけてカプセル化し、フレームという単位にまとめて転送します。

《データリンク層で行われるカプセル化（イーサネットの例)》

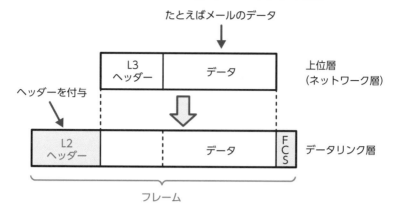

上記のフレームとヘッダーについて、もう少し詳しく説明します。

イーサネットで転送されるフレームを**イーサネットフレーム**といい、イーサネットフレームに含まれるL2ヘッダーを**イーサネットヘッダー**といいます。

イーサネットフレームは、次のような構造になっています。

《イーサネットフレームの構造》

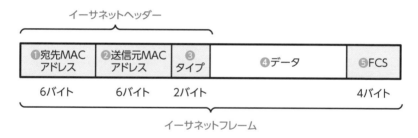

それぞれの詳細は次のとおりです。

❶宛先 MAC アドレス（6 バイト）

通信相手のMACアドレスです。

❷送信元 MAC アドレス（6 バイト）

フレームを送信する、送信元のMACアドレスです。

❸タイプ（2バイト）

　OSI参照モデルはプロトコルを7層に整理・分類したもので、各層に複数のプロトコルがあります。タイプは、データ部に、上位層のどのプロトコルに対応するデータが収められているかを示す情報です。

　たとえば、データ部分がIPv4というプロトコルに対応するデータであれば「0800」、IPv6というプロトコルであれば「86DD」が入ります。IPv4とIPv6ではデータの並びやフォーマットが異なるため、データのタイプを指定することで、このフレームを受け取った側は、情報を正しく読み取れるのです。

《タイプ部でデータの種類を識別》

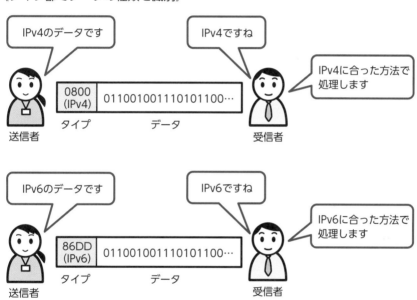

　タイプで指定する主なプロトコルは、次のとおりです。

《主なタイプ》

タイプ（16進数）	プロトコル	タイプ（16進数）	プロトコル
0800	IPv4	0806	ARP
86DD	IPv6	8100	IEEE 802.1Q（タグVLAN）

＊それぞれのプロトコルについては後述します。

❹ データ

　上位層(ネットワーク層)から渡されたデータです。レイヤー3ヘッダー(L3ヘッダー)と、メールやWebページのデータなど、実際にやり取りするデータです。

❺ FCS(4バイト)

　FCS(Frame Check Sequence)は、フレームをエラーなく受信しているかを確認するための値です。FCSでは、送信側、受信側それぞれがフレームのデータに対してある計算をし、CRC(Cyclic Redundancy Check)という値を求めます。双方のCRCを比較して一致していれば、受信したフレームに損失などのエラーがないと判断します。

> なんとなくわかったような……。
> でも、フレームってどんなものなのか、イメージできないんです。

> 最初はみんなそうだと思う。
> そういうときは、実際のフレームを見てみるといいよ。

　次ページの画面は、データを可視化できるWireshark(ワイヤーシャーク)というソフトウェアで、イーサネットフレームを表示した様子です。Wiresharkのダウンロード先や基本的な使い方等については5章4節で詳しく説明しますが、Wiresharkはネットワークを流れるデータを読み取って、人間に理解しやすいように表示してくれます。最初は慣れないかもしれませんが、イメージをつかむためにも、じっくりと見てみましょう。

　ウィンドウ下部の❶は、ネットワーク上を流れているデータを16進数で示したものです。イーサネットヘッダーは❷の下線部分です。ウィンドウの上部の❸で、この❷の部分がわかりやすく解説されています。1行目から順に内容を見てみましょう。

《イーサネットフレームの例》

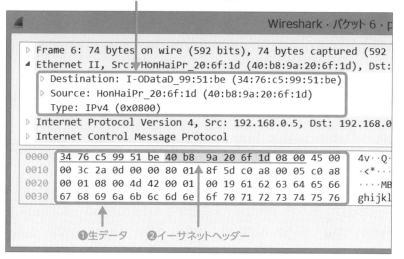

```
Wireshark・パケット 6・p

▷ Frame 6: 74 bytes on wire (592 bits), 74 bytes captured (592
▲ Ethernet II, Src: HonHaiPr_20:6f:1d (40:b8:9a:20:6f:1d), Dst:
  ▷ Destination: I-ODataD_99:51:be (34:76:c5:99:51:be)
  ▷ Source: HonHaiPr_20:6f:1d (40:b8:9a:20:6f:1d)
    Type: IPv4 (0x0800)
▷ Internet Protocol Version 4, Src: 192.168.0.5, Dst: 192.168.0
▷ Internet Control Message Protocol

0000  34 76 c5 99 51 be 40 b8  9a 20 6f 1d 08 00 45 00   4v··Q·
0010  00 3c 2a 0d 00 00 80 01  8f 5d c0 a8 00 05 c0 a8   ·<*···
0020  00 01 08 00 4d 42 00 01  00 19 61 62 63 64 65 66   ····MB
0030  67 68 69 6a 6b 6c 6d 6e  6f 70 71 72 73 74 75 76   ghijkl
```

❶生データ　❷イーサネットヘッダー

・Destination（宛先MACアドレス）は「34：76：c5：99：51：be」で、I-O
DATA製のNICです。

・Source（送信元MACアドレス）は「40：b8：9a：20：6f：1d」で、HonHai
Precision Industry製のNICです。

・Type（タイプ）は「0800」でIPv4です。

わー、本当にヘッダーのデータが流れているんですね。
ちょっと感動します。

ね、構造の図を見るだけより、データの実体が感じられるね。

2章

LANとイーサネット

イーサネットの通信方式

2 / 4

全二重通信と半二重通信

　2拠点間の通信は、片方向通信と双方向通信に分類することができます。片方向通信とは一方通行の通信方式で、一方は送信のみを、他方は受信のみを行うことができます。ラジオやテレビなどがこれにあたります。

　双方向通信は、双方が送信も受信もできる通信方式です。ネットワークでは、双方の機器が、データを送信することも受信することもできる、双方向通信が行われます。このうち、データの送信と受信を同時に行える通信方式を、全二重通信といいます。フルデュプレックス (full duplex) ということもあります。一方、一度に行えるのは送信か受信のどちらかだけという通信方式を半二重通信といいます。ハーフデュプレックス（half duplex）ということもあります。身近な例として、タクシーでの無線機（トランシーバー）による通信があります。

　皆さんが利用しているネットワークでは、基本的に全二重通信が行われています。

《全二重通信と半二重通信の違い》

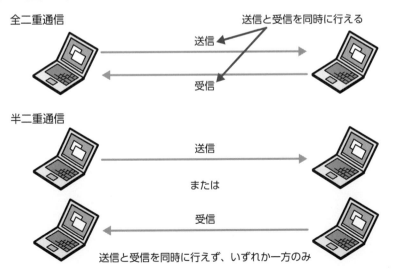

通信方式の設定

ではここで、イーサネットの学習の仕上げに、自分のPCの通信方式の設定を確認してみよう。

はい。設定を見てみたいです。どこで確認できますか？

PCをネットワークに接続するのはNICの機能だから、通信方式に関してはNICのプロパティで設定するんだ。

Windows PCでNICのプロパティの設定を見てみましょう。手順は次のとおりです。

①「スタート」ボタン（▦）を右クリックして、「ネットワーク接続」をクリックします。

②表示されるウィンドウの中央にある「アダプターのオプションを変更する」をクリックします。

③PCに構成されているネットワークアダプターの一覧が表示されるので、「イーサネット」をダブルクリックします。

④「イーサネットの状態」ダイアログボックスで「プロパティ」ボタンをクリックし、「イーサネットのプロパティ」ダイアログボックスを表示します。

⑤「ネットワーク」タブが選択されているのを確認したら、「構成」ボタンをクリックし、表示されるダイアログボックスの「詳細設定」タブを開きます。

「詳細設定」タブを開いたのが、次の画面です（NICの機種によっては英語で表記される場合もあります）。

《NICのプロパティの「詳細設定」タブ》

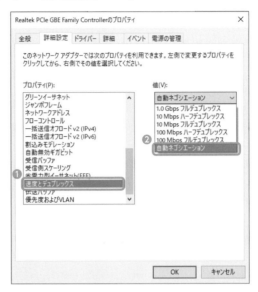

　いろいろな設定項目がありますが、その中に「速度とデュプレックス」という項目があります（図❶）。「全二重通信と半二重通信」の解説に出てきたフルデュプレックス、ハーフデュプレックスという語からもわかるように、デュプレックスとは二重という意味です。

　右側の「値(V):」で、ネットワークの伝送速度（1.0Gbpsや100Mbpsなど）と全二重（フルデュプレックス）／半二重（ハーフデュプレックス）の通信方式を選択することができます。一番下の「自動ネゴシエーション」（図❷）は、接続先のポートがどのような伝送速度に対応しているのかや、全二重／半二重のいずれに対応しているかを識別し、自動的に適切な値が設定される機能です。オートネゴシエーションという用語のほうが一般的です。この機能は、ほとんどの機器に搭載されており、誤った設定によって通信に問題が発生しないよう、通常は「自動ネゴシエーション」を選択します。

5 スイッチングハブ

スイッチングハブとは

　物理層で動作するリピータハブの場合、接続されているすべてのポートにフレームを転送するため、無駄なフレームがイーサネット上を流れ、トラフィックが増えてしまいます。また、複数の機器が同時にフレームを送信した場合、フレーム同士がぶつかってしまうという欠点もあります。

> リピータハブってあまり賢くないんですね……。

> そう。だからイーサネットには、コリジョンと呼ばれるフレーム同士のぶつかりを減らす仕組みや、それが発生したときの対処の仕組みが規定されているんだ。

　イーサネットでは、フレームのコリジョン（collision：衝突）を回避するために、CSMA/CD（Carrier Sense Multiple Access with Collision Detection：搬送波感知多重アクセス／衝突検出）という制御方式が考案されました。これにより、通信が行われていないかを事前に確認したり、コリジョンを検知した場合はしばらく待ってからフレームを再送したりすることができます。

　しかし、機器の数が増えてくると、異なる機器が同時にフレームを送信する確率が高くなるため、コリジョンを完全に避けることはできません。この欠点を改良したのがスイッチングハブです。単にスイッチという場合、通常はスイッチングハブを指しています。

　スイッチングハブは、フレームのヘッダーの宛先MACアドレスを見て、該当する機器が接続されているポートにのみフレームを転送しますので、無駄なフレームが流れないようになっています。また、全二重通信をサポートしているた

め、複数の機器から同時にフレームが送信されても、双方向通信が可能で、コリジョンが発生しません。

《リピータハブとスイッチングハブの動作》

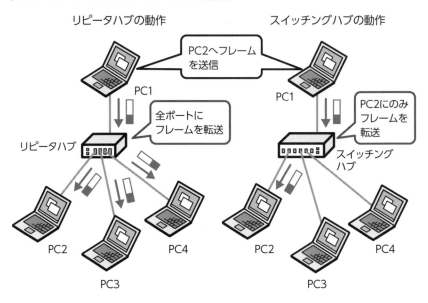

　スイッチングハブには、物理層とデータリンク層（レイヤー2）の機能を処理するレイヤー2スイッチ（L2スイッチ）と、これらに加えてネットワーク層（レイヤー3）の機能も処理することができるレイヤー3スイッチ（L3スイッチ）があります。どちらも次項以降に示す主要な機能は同じです。レイヤー3スイッチに関しては、4章7節で詳しく解説します。

　スイッチングハブには、家庭や小規模オフィスで利用される低価格なものから、大企業や大学、データセンター[※1]で使われる大規模なものまでさまざまな製品があります。アライドテレシス、バッファロー、HPE（Hewlett Packard Enterprise）など、さまざまなメーカーがあり、企業向けの製品で圧倒的なシェアを持っているのがシスコシステムズ（以降シスコと記します）です。

※1　**データセンター**：サーバーやデータ通信のための機器を設置し、運用するための施設です。

《シスコのCatalyst 9200シリーズ（Catalyst 2960シリーズの後継)》

コリジョンドメインの分割

ドメインとは、ネットワークの特定の範囲（domain）を指します。**コリジョ
ンドメイン**（collision domain）とは、コリジョン（collision）が発生するネッ
トワークの範囲（domain）です。

リピータハブによって接続されている機器間ではフレームのコリジョンが発
生する可能性があるため、リピータハブで接続された範囲は1つのコリジョンド
メインを形成します（下図左）。

しかしこの問題は、スイッチングハブを使用することで解消します。スイッチ
ングハブで接続されたネットワークでは、複数の機器が同時にフレームを送出し
てもコリジョンは発生しません。スイッチングハブを介することで、コリジョン
ドメインを分割することができます（下図右）。

《コリジョンドメインの分割》

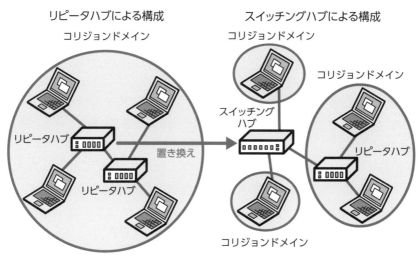

今はリピータハブを使うことはほとんどありません。スイッチングハブによって、コリジョンドメインが適切に分割されているといえます。

MACアドレスベースのフレーム転送

スイッチングハブは、リピータハブと異なり、特定の機器にのみフレームを転送する機能があります。この機能を実現するには、どのMACアドレスの機器がどのポートに接続されているかを、スイッチングハブ自身が知っている必要があります。

●MACアドレステーブルの構築

スイッチングハブは、**MACアドレステーブル**という対応表に、自身のどのポートにどのMACアドレスの機器が接続されているかという情報をまとめて記録しています。

MACアドレスはどうやって記録するんですか？

ネットワークの管理者が手動で記録する方法と、スイッチングハブが自ら学習する方法の2つがあるんだ。

初めて機器と接続したときには、MACアドレステーブルは空の状態で、スイッチングハブは、どのポートにどのMACアドレスを持つ機器が接続されているかはわかりません。

MACアドレステーブルにポートとMACアドレスの関連づけを記録する方法は2つあります。1つは、ネットワークの管理者が、手動で記録する方法です。このような方法をスタティック（static）といいます。

もう1つは、スイッチングハブが自動で記録する方法です。スイッチングハブは、フレームを受信するたびに、フレームのヘッダーの送信元MACアドレスを見て、MACアドレステーブルにフレームを受信したポートとMACアドレスの対

応情報を記録します。これを「MACアドレスの学習」といい、このような記録方法をダイナミック（dynamic）といいます。MACアドレステーブルは、一般的にはダイナミックに作成されます。

　スイッチングハブは、こうして作成されたMACアドレステーブルを参照しながら、送られてきたフレームを宛先まで転送しています。

　では、スイッチングハブがMACアドレスを学習し、MACアドレステーブルを基にフレームを転送する流れを見てみましょう。以下の例では、macBというMACアドレスを持つPC2が2番ポートに接続されているという情報は、すでにMACアドレステーブルに記録されているものとします。

・MACアドレスの学習

　スイッチングハブのポート1に、macAというMACアドレスを持つPC1からのフレームが届いたとします（図❶）。スイッチングハブは、MACアドレス「macA」とポート「1」の対応情報をMACアドレステーブルに記録します（図❷）。

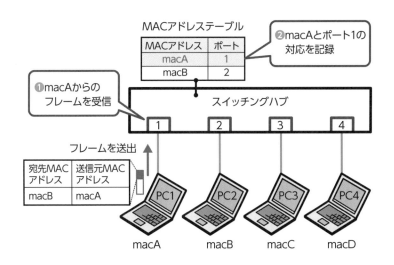

MACアドレステーブル

MACアドレス	ポート
macA	1
macB	2

❷macAとポート1の対応を記録

❶macAからのフレームを受信

スイッチングハブ

フレームを送出

宛先MACアドレス	送信元MACアドレス
macB	macA

・該当するポートからフレームを送出

　スイッチングハブは次に、フレームのヘッダーの宛先MACアドレスを見て、MACアドレステーブルにそのアドレスがあるかを調べます。該当するMACアドレスがあれば、それに対応しているポートから、フレームを送出します。今回は、MACアドレス「macB」とポート「2」の対応情報がMACアドレステーブルに

すでに記録されているので、フレームをポート2に送出します。

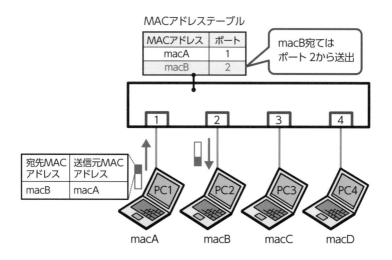

・すべてのポートからフレームを送出

次はPC1からPC3に通信するとします。PC3のMACアドレスはmacCですが、この情報はスイッチングハブのMACアドレステーブルにはありません。このように、MACアドレステーブルに該当するMACアドレスがない場合、スイッチングハブは、受信したポート以外のすべてのポートからフレームを送出します。これをフラッディングといいます。

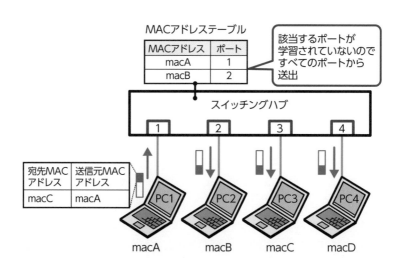

フラッディングのフレームを受信した機器は、宛先MACアドレスが自身のものでなければ、フレームを破棄します。一方、宛先MACアドレスと自身のMACアドレスが一致したPC3はフレームを受信し、何らかの応答フレームをPC1に送り返しますが、スイッチングハブはこのフレームを受信したら、受信ポート（3）と送信元MACアドレス（macC）の対応情報をMACアドレステーブルに記録し、ポート1からフレームを送出します。

つまり、MAC アドレステーブルに記録されていない MAC アドレス宛てのフレームは、通信相手ではない機器にも届けられてしまうのですね。

まだ学習していない MAC アドレス宛ての場合はたしかにそうなんだ。でも、MAC アドレスを一度でも学習してしまえば、次からは通信相手のみにフレームを送ることができるから効率的だね。

　スイッチングハブはこのようなプロセスを何度も繰り返して、ポートとMACアドレスのすべての対応情報をMACアドレステーブルに記録します。

●MAC アドレステーブルを見てみよう

　MACアドレステーブルには、上述したように、MACアドレスと、そのMACアドレスを持つ機器が接続されたポートが記録されます。

　では、百聞は一見に如かず、実際のMACアドレステーブルを見てみましょう。ここではシスコのスイッチングハブ（Catalystスイッチ）を例に説明します。

　スイッチングハブを操作するには、専用のケーブルでPCを接続し、PCにインストールされた設定用のソフトウェアを使って行います。61ページで使用したコマンドプロンプトと同様に、コマンドを入力して機器を操作します。

　ここでは、MACアドレステーブルがどのようなものかを確認することが目的なので、コマンドの入力方法やコマンドを覚える必要はありません。

　以下は、CatalystスイッチでMACアドレステーブルを表示した結果です。❶の行は、2c54.2d59.2b38というMACアドレス宛てのフレームはFa0/1という

ポートから送出する、ということを意味しています。

《スイッチングハブのMACアドレステーブル（Catalystの例）》

```
Switch#show mac-address-table    ←MACアドレステーブルを表示するコマンドを入力
          Mac Address Table
-------------------------------------------------

Vlan    Mac Address       Type        Ports
----    -----------       ---------   -----

（前半省略）

❶ 1      2c54.2d59.2b38    DYNAMIC     Fa0/1
   1      906c.aca9.96e3    DYNAMIC     Fa0/2
   1      a0b3.cc4e.dcde    DYNAMIC     Fa0/3
```

MACアドレステーブル
が表示された

↑ MACアドレス　↑ ダイナミックに設定　↑ ポート番号

* ポート番号の Fa はファストイーサネットと呼ばれる、100Mbps の通信に対応したポートであることを示しています。

6 VLAN

VLANとは

VLAN（Virtual LAN：仮想LAN）とは、virtualという語が示すとおり、1つの LANの中に、仮想的（論理的）な複数のネットワークを構成して、ネットワークを分割する仕組みです。具体的には、1台のスイッチングハブのポートをいくつかにグループ分けし、それぞれのグループが、あたかも別々のスイッチングハブに接続されたネットワークであるかのように動作させます。

次の図のように、1台のスイッチングハブに、複数のスイッチングハブが同居しているイメージです。

《VLANのイメージ》

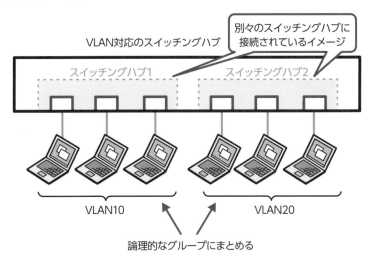

最近のスイッチングハブのほとんどが、VLAN機能を備えています。

VLANの利点

VLAN機能があると、何か便利なのでしょうか。

VLANを利用すると、ネットワークを分割するのが楽になるんだ。

　企業などのネットワークでは、ネットワークのパフォーマンスや業務上、セキュリティ上の理由で、ネットワークをいくつかのサブネットに分割することがよくあります。そのときにVLANを利用すると、次のようなメリットがあるのです。

●複雑なネットワークを少ない台数のスイッチングハブで構築できる

　VLANを利用しないと、1台のスイッチングハブで構成できるセグメントは1つだけです。複数のセグメントを構成するには、セグメントごとにスイッチングハブを設置し、機器とケーブルで接続する必要があります。スイッチングハブのコストや接続の手間がかかります。

前ページの図でいうと、スイッチングハブを2台用意する必要があるのですね。

そのとおり。だけどVLANを使って論理的なネットワークを作れば、複雑な形態のネットワークでも容易に、たった1台のスイッチングハブで構築することができる。

●ネットワークの構成変更が容易

　VLANでは、機器とスイッチングハブの実際の接続状況にかかわらず、仮想的に機器をグループ分けすることができます。そのため、組織変更があった場合でも、グループ分けの設定を変更するだけで新しい組織に対応することができます。実際に現場に出向いてスイッチングハブのケーブルを差し替えるなど、物理的な接続を変更する必要はありません。

●ブロードキャストドメインを分割できる

　ブロードキャストドメイン（broadcast domain）とは、ブロードキャスト（序章2節内の「LANにおける通信の種類」を参照）で一斉送信されるデータが届く範囲です。スイッチングハブで接続された機器は、1つのブロードキャストドメインを構成します。ブロードキャストが広い範囲に送信されると無駄なトラフィックが増えてしまうので、ブロードキャストドメインは適切なサイズに区切る必要があります。VLANでは、ブロードキャストドメインを分割することができます。

> コリジョンドメインとブロードキャストドメインがあるのですね。

> うん。ざっくりいうと、リピータハブで接続された範囲がコリジョンドメイン。スイッチングハブで接続された範囲がブロードキャストドメインなんだ。

　ブロードキャストドメインについては4章1節で改めて説明します。今はVLANはなかなか役に立つ、ということを覚えておいてください。

ポートベースVLANとタグVLAN

VLANには、ポートベースVLANとタグVLANの2種類があります。順に説明しましょう。

●ポートベース VLAN

VLANの目的は、ネットワークを仮想的に分割することです。分割したネットワーク（サブネット）には、VLAN10、VLAN20のような名前をつけます。

ポートベースVLANでは、スイッチングハブの物理的なポートごとに、どのVLANに所属するかを設定します。1つのポートが所属できるVLANは1つです。

次の図を見てください。ポート1とポート2をVLAN10に、ポート3とポート4をVLAN20に設定した構成例です。VLAN10とVLAN20では異なるネットワークが構築されます。

《ポートベースVLAN》

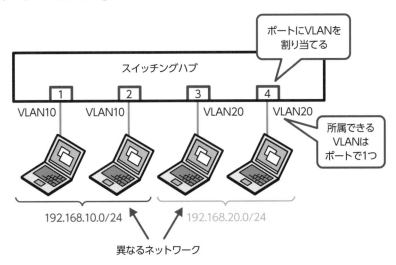

●タグ VLAN

ポートベースVLANでは、1つのポートに所属できるVLANは1つだけでした。一方、1つのポートに複数のVLANを所属できるようにしたのが**タグVLAN**です。

1つのポートに複数の VLAN って……。
そんな必要性あるのですか？

複数の VLAN を持つスイッチングハブ同士を接続する場合に必要なんだ。

詳しく見ていきましょう。

次の図の2つのスイッチングハブはそれぞれ、VLAN10とVLAN20を構成しています。両者を接続するポート5は、VLAN10とVLAN20の両方のフレームを通過させる必要があります。そこで、ポート5をタグVLANに設定するのです。

《タグVLAN》（ポート5をタグVLANに設定、ポート1〜4はポートVLAN）

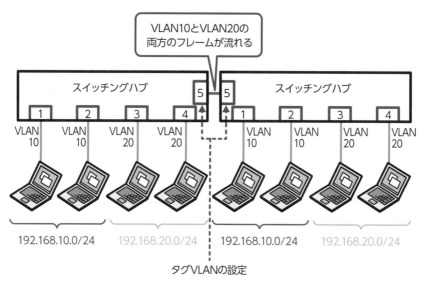

タグ VLAN を使わずに、ポート VLAN を利用して、スイッチングハブ間のケーブルを複数用意すればいいですよね？

たしかにそうだね。でも、VLAN の数だけスイッチングハブ間にケーブルが必要になるよ。

　大規模なネットワークになると、VLANの数が10や100では収まらず、1,000を超えることもあります。そのような場合、VLANの数だけケーブルを敷設するのは現実的ではありません。タグVLANを設定すれば、極端な話、1本で1,000のVLANを通過させることもできます。

7 スイッチングハブの設定

スイッチングハブ設定の概要

スイッチングハブの役割がわかったところで、実際に設定してみようか。

わー、そういうの、やってみたかったんです‼

僕たちの仕事は、実際に設定やメンテナンスができてなんぼだからね。よく見ておいて。

　ここで、シスコのCatalystスイッチの設定の概要を見ていきましょう。実際にスイッチングハブを見たり触れたりしたことのない方も多いと思います。ここでは具体的な設定方法を理解する必要はありません。設定の流れと雰囲気をつかんでください。

●設定に必要なもの

　スイッチングハブを設定するには、次のような機器やソフトウェア、ケーブルが必要です。

❶スイッチングハブ
❷設定用のPC
❸設定用のターミナルソフト

75ページの写真からもわかるとおり、スイッチングハブにはキーボードもモニターも付属していません。設定をする際にはPCと接続し、機器を遠隔操作するためのターミナルソフトと呼ばれるソフトウェアを使用する必要があります。ここではTera Termというネットワークエンジニアにとって定番のフリーソフトを使用します。

❹コンソールケーブル

コンソールケーブルは、スイッチングハブなどのネットワーク機器とPCを接続する専用のケーブルです。機種によっては製品に同梱されています。コネクターは、ケーブルの一方がRJ-45、もう一方が9つのピンの穴を持つD-sub9ピンと呼ばれるものになっています。このうち、RJ-45の形状のコネクターを、機器のコンソールポートと呼ばれる設定専用のポートに接続します。

《コンソールケーブル（左がD-sub9ピン、右がRJ-45の形状)》

《コンソールポート》

❺USBシリアル変換ケーブル（必要に応じて）

最近のPCには、D-sub9ピンを接続するためのシリアルポートと呼ばれる
ポートが備えられていないものが増えています。その場合は、USBポートを
D-sub9ピンに変換するケーブルを使って、PCとCatalystスイッチのコンソー
ルポートを接続します。

《USBシリアル変換ケーブルの例　（左がUSB、右がD-sub9ピンの形状)》

《コンソール接続で設定する場合》

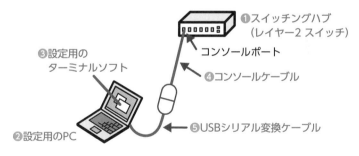

❶スイッチングハブ
（レイヤー2 スイッチ）
コンソールポート
❸設定用の
　ターミナルソフト
❹コンソールケーブル
❺USBシリアル変換ケーブル
❷設定用のPC

●Catalyst スイッチの設定

家庭や小規模なオフィスなどで使用されるスイッチングハブは、LANケーブ
ルでPCやプリンターなどの機器と接続するだけで使用することができます。

一方、Catalystスイッチでは、豊富な機能を活用するために、次のような設
定を行うことが一般的です。

・ホスト名

シスコのCatalystスイッチでは、デフォルトで「Switch」という名前が設定されています。この名前をホスト名といいます。複数のスイッチングハブが存在する環境では、個々のスイッチングハブを区別するために、管理しやすいホスト名を設定します。

・二重モードと速度の設定

PCに「速度とデュプレックス」（72ページを参照）が設定されていたように、スイッチングハブにも速度や全二重／半二重の通信方式を設定します。Catalystスイッチでは、スイッチ全体ではなく、ポートごとに設定します。デフォルトでは、オートネゴシエーションが有効になっています。

・VLAN

ポートベースVLANやタグVLANの設定をします。デフォルトでは、すべてのポートがポートベースVLAN（VLAN番号「1」）に設定されています。

設定手順

では、実際にCatalystスイッチを設定してみましょう。機器は初期化されている（新品を購入したときの状態）ものとします。

設定手順は、次のとおりです。

①Catalystの設定は、コンソールポートと設定用のPCをコンソールケーブルで接続して行います。PCにシリアルポートがない場合は、USBシリアル変換ケーブルも使います。

②PCでターミナルソフトを起動します。以下は、Tera Termの画面です。

《Tera Termの設定画面》

③ここでは「シリアル」を選択します。シリアルは、コンソールポートと接続
する際の転送方式です。シリアル通信用に認識しているCOMポートを選択し
ます。上記の画面では、「COM3」を選択しています。

④上記の画面で「OK」ボタンをクリックすると、ターミナルソフトからスイッ
チへ接続を開始します。接続が完了すると、画面には以下のようなプロンプト
が表示されます。Windowsとは違い、最後の「>」の部分は、設定するとき
のモードによって「#」に変わります。

```
Switch>
```

「Switch>」というのは、この状態で「Switch」という名称の機器を設定でき
ることを示しています。

⑤ホスト名の設定をします。
ここでは、Catalystスイッチのホスト名を「Honsya_SW1」に変更します。
スイッチは複数存在するので、名前に設置場所などを含めると管理しやすいと
思います。

```
Switch>enable  ←すべてのコマンドを実行できるモードに移行するためのコマンド
Switch#configure terminal  ←設定する（configure）モードに移行するためのコマンド
Enter configuration commands, one per line.  End with CNTL/Z.
Switch(config)#hostname Honsya_SW1  ←ホスト名を変更するコマンドで、
                                      ホスト名を変更
```

⑥ポートの設定を確認します。

設定画面では、設定を入力するだけでなく、設定の状態を確認することができ
ます。たとえば、ポート1の状態を確認してみましょう。

```
Honsya_SW1#show interfaces gigabitEthernet 0/1 status  ←ポートの設定を
                                                         表示(show)する
                                                         コマンド
Port  Name  Status      Vlan  Duplex  Speed   Type
Gi0/1       connected   1     a-full  a-1000  10/100/1000BaseTX
```

「Status」はポートの接続状態を表します。「connected」（接続された）と
いうことで、ケーブルが接続されていることがわかります。「Vlan」はVLAN
番号「1」、「Duplex」は「a-full」、つまりフルデュプレックス（＝full）の
オートネゴシエーション（＝a）です。また、「Speed」は「a-1000」と表
示されています。これは、自動設定（a＝auto）によって速度が1,000Mbps
（1Gbps）に設定されていることがわかります。「Type」はイーサネットの規
格が「1000BaseTX」であることを意味します。

1Gbps以上のポートとポートを接続する場合は、自動設定（auto）が推奨です。
ただし、自動設定に対応していない古い機種などと接続する場合には、速度設
定と二重モードを変更することがあります。設定例は以下のとおりです。

```
Honsya_SW1(config)#interface gigabitEthernet 0/1  ←ポート1の設定を変更
                                                    するためのコマンド
Honsya_SW1(config-if)#speed 100  ←速度を100Mbpsに設定するためのコマンド
Honsya_SW1(config-if)#duplex full  ←二重モードを全二重に設定するためのコマンド
```

解決 » 設定の不整合

さて、製品工場で通信が遅くなった事象は、解決したのでしょうか？

「山本さん、入れ替える前のスイッチングハブはありますか？」と服部が尋ねた。

「はい、ありますよ」

そう言って、山本は奥の書庫からスイッチングハブを持ってきた。

「念のため、元のスイッチングハブに戻せば正常に通信できるかどうかを確認させてください」

「今回の不具合の原因が、新しいスイッチングハブにあるかを確認するための切り分けですね」と成子は服部に確認した。

「そう」

服部は親指を立てて、ほほ笑んだ。

スイッチングハブを元に戻した後、山本に通信テストを依頼すると、正常な通信になった。

「やはり、この新しいスイッチングハブに原因があるんだな。じゃあ、徹底的に調べるか」

そういって服部は、自分の PC をカバンから取り出し、コンソールケーブルを PC に接続した。さらに、コンソールケーブルのもう一方の端を、フロアに従来からあるもう 1 台のスイッチングハブのコンソールポートに接続した。

「カチッ」という音がしたのを確認した後、服部は何やらコマンドを入力し始めた。成子は、服部がどんなコマンドを入力するのか興味津々だった。

背後からコマンドを確認するが、どうやら短縮形で入力しているようだ。

（sh int はたしか、インターフェイス（ポート）の設定を表示するコマンド「show interfaces」のはず）

成子は服部が入力するコマンドをすかさずメモした。

「わかった！」

調査を開始して、まだ1分も経っていない。

「もうわかったんですか？」

「これを見てごらん」

成子が見せてもらったのは、どうやらエラーの記録が記されたエラーログである。

「duplex mismatch……、not full duplex。デュプレックスって、全二重とか半二重のことですね」

「そう」

服部はそう言って、得意げな表情で設定コマンドを入力した。どうやらPCを接続しているスイッチングハブの設定を変更しているようだ。

「山本さん、これでもう一度通信テストをお願いします」

山本がPCからインターネット接続すると、今度は瞬時に接続する。いろいろなWebサイトにアクセスを試みたが、非常に高速である。

すると、いつの間にか様子を見に集まってきた工場の社員たちからも「おー!!」という歓声が上がった。

「はい、正常に通信ができています」と山本が笑顔で答えた。

服部はほっとした表情を見せて成子に原因の解説をした。

「今回のトラブルの原因は、ネゴシエーションの失敗だった。既存のスイッチングハブが固定で100Mbpsの全二重に設定してあるのに、今回新設されたスイッチングハブはオートネゴシエーションに設定されていた」

「それがどうしたんですか？」

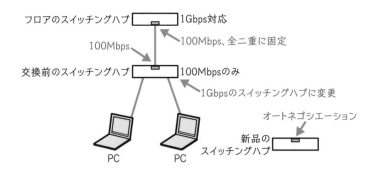

「固定設定のスイッチと自動設定のスイッチを接続すると、ネゴシエーションが失敗して、半二重で接続されてしまうことがある。半二重だと、コリジョンが発生するなどして、通信がとても不安定になる」

「そうなんですか……」

（こんなふうに、どんなトラブルでも簡単に解決できるとカッコいいなあ）と成子はさまざまな工具を前に、一人前のネットワークエンジニアになった妄想を楽しんだ。

成子の妄想

どんなネットワークトラブルも、Dr.成子にまかせなさい！

エッヘン

シスコのコマンド

マウスを使った GUI（Graphical User Interface）での操作が主流の今の時代でも、ネットワークエンジニアはテキストベースの CLI（Command Line Interface）で設定することがほとんどです。しかも、そのコマンドは 20 年以上前からほとんど変わっていません。変わらないということは、それだけ質が高いということです。進化の速い IT 業界において、これだけ長い間変わらないというのは、ある意味すごいなぁと思います。

では、なぜ、皆さんは CLI を使うのでしょうか。処理速度が速いとか、複数の処理を一気に実行できるなど、いろいろな理由があると思いますが、もしかすると、「慣れているから」という単純な理由かもしれません。ネットワークエンジニアは、マニュアルや書籍を参考にすることなく、コンソールケーブルを接続して、CLI であっという間に設定をしてしまいます。仮に最新の GUI があったとしても、慣れていないから使いにくいのでしょう。

世界的に圧倒的なシェアを持つシスコのコマンドが広く普及したことにより、ほかのメーカーのコマンドも、部分的にシスコに似たものになっています。その結果、シスコのコマンドが、今では業界標準といわれることもあります。

ネットワークエンジニアとしては、シスコのコマンドを覚えておくと、ほかの機器を設定するときにも応用がきくことでしょう。

章

ネットワーク層
の
基本プロトコルと転送技術

新しいネットワークと通信ができない！

「社長室のネットワークですか？」

成子が電話でトラブルの状況を聞いている。

「今までは1階の社長室でPCを使っていたのを、2階でも使えるようにしたいということですね」

成子はメモをとりながら、詳しく状況を確認した。

「わかりました。すぐに向かいます」

電話が終わり、成子が服部に状況を報告する。

「社長室の秘書の方がご自身でスイッチングハブを2階の奥の部屋に設置されたそうです。光配線はITベンダーに依頼して、すでに設置済みです。1階のスイッチングハブと、2階のスイッチングハブで通信テストをしているそうなのですが、通信ができないとのことです」

「秘書の方って、そんなにネットワークのことが詳しいのかい？　ITベンダーや我々に任せればいいのに……」

「男性の伊藤さんという方で、秘書といってもPCには詳しいようです」

「あっ、秘書の伊藤さんか。あの人はたしかに詳しいね」と服部は納得した。

「なぜ私たちに任せないかというと、社長室のネットワークだから、セキュリティの面を気にしているようです。社員にも見せられない秘密情報がたくさんあるのでしょう」

「そういうことか。で、現状をヒアリングした結果は？」

「このようなネットワーク構成になっているようです」

成子は服部に電話で聞き取ったメモを見せた。

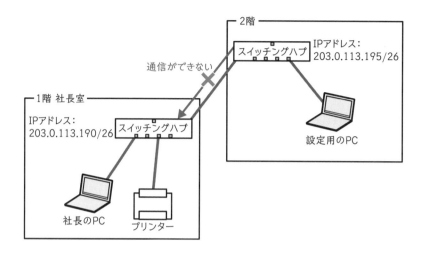

「IPアドレスが 203.0.113.190 って、変な IP アドレスだな」

「1 階の社長室のスイッチングハブがそうなっているようです。2 階に設置した新しいスイッチングハブには、近い IP アドレスとして 195 を割り当てたと言ってました」

「サブネットも 26 ビットか。変なネットワークだな」

「ですね」

「なんとなく状況はわかった。とりあえず、現地に行こう！」

「はい！」

成子は張り切って、検証用の LAN ケーブルや予備のスイッチングハブ、PC などを大きめのカバンに詰め、服部と現地へ向かった。

1 ネットワーク層の役割

ネットワーク層が提供する機能

データリンク層の機能によって、セグメント内でのデータの送受信ができるようになりました。しかし、ネットワークはセグメント内にとどまらず、別フロアや国内の別拠点、さらには海外拠点、インターネットへと拡がっています。このような、異なるネットワーク間の通信を可能にするのがネットワーク層の役割です。そのために、次のような機能が提供されています。

●IPアドレスを使い、異なるネットワーク間の通信を可能にする

ネットワーク層では、宛先の識別に機器に設定されたIPアドレスと呼ばれる情報を使います。このIPアドレスの情報を基に、異なるネットワークの機器にデータを送り届けます。

ネットワーク層でもデータリンク層と同様に、上位層から送られてきたデータに宛先のIPアドレスなどの情報を含んだヘッダーをつけてカプセル化し、データリンク層に渡します。このとき付与されるヘッダーをレイヤー3ヘッダー（L3ヘッダー）、カプセル化によってひとまとめになったデータの単位をパケットといいます。

●宛先までの最適な経路を選択する

宛先にデータを送る経路は1つとは限りません。複数の経路の中から最も適切な経路を選択することをルーティングといいます。データを中継し、ルーティングする機器がルーターです。ルーターは、LANとWANを接続する役割も果たします。ルーターはネットワーク層で動作します。

《ルーターは異なるネットワーク間の通信を可能にする》

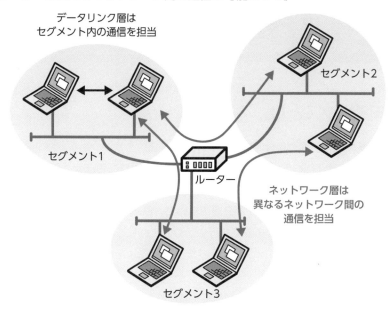

データリンク層は
セグメント内の通信を担当

セグメント2

セグメント1

ルーター

ネットワーク層は
異なるネットワーク間の
通信を担当

セグメント3

《ルーティングでは最も適切な経路を選択する》

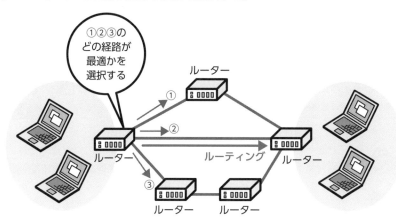

①②③の
どの経路が
最適かを
選択する

ルーター

①

②

③

ルーター

ルーター

ルーター

ルーティング

ルーター

　3章では、ネットワーク層でのデータ転送に用いられるIPアドレスについて解説します。そして4章で、ルーターとルーティング、WANについて解説します。

2 IPアドレス

IPアドレスとは

IPアドレス（IP address）とは、address（住所）という言葉が示すとおり、IPというプロトコル（3章5節で説明します）を使用した通信で「住所」の役割を果たす値です。

MACアドレスは、データリンク層において、隣接した機器（同一セグメントの機器）との間でデータの送受信を行うために使われていました。それに対してIPアドレスは、同一のセグメントにとどまらず、異なるセグメント（ネットワーク）との通信に使用されます。

IPアドレスもMACアドレスと同様に、基本的には1つのNICに1つ割り当てられます。MACアドレスは製造者によってあらかじめ設定され、変更することができない物理アドレスです。一方IPアドレスは固定的ではなく、状況に応じて変更することができるため、論理アドレスとも呼ばれます。

さて、みんなが自分の住所を勝手に決めたらどうなるかな。

それはいけません。みんなが好き勝手に地名や番地を決めたら、同じ住所があちこちにできて、郵便局の人は困ってしまいます。

そのとおり。だから、お役所が住所を一元的に管理しているんだ。

同じ住所が複数の箇所にあったら、宛先を見ても場所を特定することができず、郵便物をどこに届けていいかわかりません。IPアドレスも同様です。そのため、世界ではIANA（Internet Assigned Numbers Authority）／ICANN（Internet Corporation for Assigned Names and Numbers）、日本ではJPNIC（Japan Network Information Center：日本ネットワークインフォメーションセンター）という組織が、IPアドレスが重複しないように、一元管理しています。

IPアドレスの表記方法

IPアドレスは、32ビットの2進数で、11000000101010000000000010110 1001のような0と1の羅列です。しかし、これでは人間にはわかりづらく、覚えるのも大変です。そこで、8ビットずつドット（.）で区切って、10進数で表記します。

以下に、2進数のIPアドレスを10進数に変換した例を示します。

4つに区切った各部分は順に、第1オクテット、第2オクテット、第3オクテット、第4オクテットといいます。

IPアドレスは、00000000 00000000 00000000 00000000（0.0.0.0）～ 11111111 11111111 11111111 11111111（255.255.255.255）までの値をとります。

ネットワークアドレスとホストアドレス

IPアドレスは、ネットワーク部とホスト部と呼ばれる2つの部分から構成されます。世界中には、数えきれないほどのネットワークが存在します。そのうちのどのネットワークかを示すのが、ネットワーク部です。そして、その中のどの機器（ホスト）かを示すのがホスト部です。ネットワーク部とホスト部の桁数は、ネッ

トワークの規模によって変動します。

電話番号は市外局番と市内局番に分かれているけど、それと似ているよ。

なるほど。たしかに、大都市の東京は03、京都は075、私の田舎の米原は0749と、桁数が違いますね。

人口が多いエリアは、市外局番を短くして、利用できる番号を増やしているんだ。

たとえば192.168.1.105というIPアドレスでは、ネットワーク部とホスト部は次のように分かれています。

ネットワーク部（24ビット）　　ホスト部（8ビット）

　ここで、IPアドレスを2進数で表記したときに、ホスト部をすべて0にしたアドレスを**ネットワークアドレス**といいます。ネットワークアドレスは、ネットワーク自身を示すIPアドレスです。この例では、192.168.1.0がネットワークアドレスです。そしてホスト部の値が**ホストアドレス**です。ホストアドレスは、ネットワーク内で重複しないように割り当てます。
　たとえば住所でいうと、「東京都千代田区神田神保町1丁目105番地」のうち「東京都千代田区神田神保町1丁目」の部分が特定のエリア（ネットワーク）を示すネットワークアドレス、「105」という番地が個々の建物（ホスト）を示すホストアドレスと考えることができます。

《ネットワークアドレスとホストアドレス》

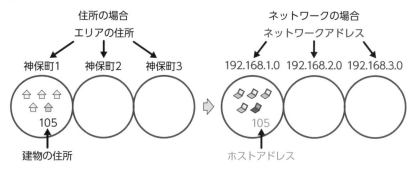

住所の場合	ネットワークの場合
エリアの住所	ネットワークアドレス

神保町1　神保町2　神保町3　　192.168.1.0　192.168.2.0　192.168.3.0

105　　　　　　　　　　　　105

建物の住所　　　　　　　　　　ホストアドレス

参考 10進数と2進数の変換

10進数を2進数に変換するのは、なかなか大変です。もちろん計算方法はありますが、手作業では間違える可能性があります。そこで便利なのが、Windowsの標準機能として搭載されている電卓アプリです。

電卓アプリは、「スタート」ボタン（田）をクリックし、表示されるアプリの一覧から「電卓」をクリックして起動します。左上の「ナビゲーションを開く」ボタン（≡）をクリックして「プログラマー」を選択すると、2進数と10進数の変換が簡単に行える画面に切り替わります（画面❶）。

「プログラマー」の下に表示された「HEX」は16進数、「DEC」は10進数、「OCT」は8進数、「BIN」は2進数を示しています。「DEC」の左に四角の印があれば「10進数モード」であることを示し、10進数で入力することができます。「105」と入力すると、「BIN」の右に「0110 1001」と、2進数が表示されます（画面❷）。「BIN」をクリックすると「2進数モード」になります。

❶《プログラマーモードに切り替える》

❷《10進数モード》

105

入力した値は、「BIN」では4桁ずつに分けて表示されます（画面❸）。

❸《2進数モード》

参考 IPアドレスの2進数から10進数への変換

IPアドレスは8ビット（オクテット）単位で区切った2進数で表記されるため、使用される2進数は最大でも8桁です。このくらいの桁数であれば、電卓アプリを使わなくても比較的簡単に10進数に変換することができます。

では、01101001を10進数にしてみましょう。

❶まず、2^0から2^7に対応する10進数を、下の図のように書き出します。

❷その下に、変換したい2進数（IPアドレス）を書きます。

❸各桁に対応する10進数と2進数を掛けます。

❹掛けた値の和がIPアドレスに対応する10進数の値です。

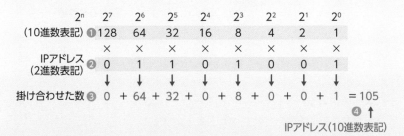

このように、2^0から2^7の値を使えば、電卓を使わなくても計算することができます。

アドレスクラス

世界が大小さまざまな国からなるように、ネットワークの規模も大小さまざまです。

IPアドレスは、ネットワークの規模によって、クラスA～Eの5つに分類されます。その中で、ネットワーク内にある機器に割り当てることができるのは、クラスA～Cの3クラスのIPアドレスです。ネットワーク部とホスト部の桁数は、AからCのクラスによって異なります。

5つのクラスを整理すると、次のようになります。

《IPアドレスの用途とネットワーク部の桁数》

クラス	用途	ネットワーク部
クラス A	大規模向け	先頭から 8 ビット
クラス B	中規模向け	先頭から 16 ビット
クラス C	小規模向け	先頭から 24 ビット
クラス D	マルチキャスト	―
クラス E	実験用（将来のために予約）	―

では、各クラスを詳細に見ていきましょう。

●クラス A

クラスAでは、IPアドレスの先頭は必ず0（2進数表記）で始まります。ネットワーク部は第1オクテット、ホスト部は第2～第4オクテットです。

ネットワーク部（第1オクテット）の値は0（00000000）～127（01111111）ですが、このうち0と127は特定の用途にのみ使用できる値であるため、割り当てることができるのは1～126です。

ホスト部（第2～第4オクテット）の値は0.0.0～255.255.255の16,777,216（2^{24}）個です。しかし、ホスト部のビットがすべて0とすべて1のアドレスはホストに割り当てることができないため、このネットワークでIPアドレスを割り当てることができる最大ホスト数は、16,777,214（$2^{24}-2$）個です。

クラスAのネットワークの範囲は、次のようになります。

《クラスAの範囲》

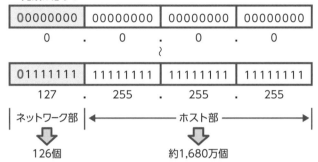

先頭は必ず0

| 00000000 | 00000000 | 00000000 | 00000000 |

0 . 0 . 0 . 0

~

| 01111111 | 11111111 | 11111111 | 11111111 |

127 . 255 . 255 . 255

ネットワーク部 ⇦ ホスト部 ⇨

126個　　　　　　　　約1,680万個

ホストが1,680万個って、すごく大規模なネットワークですね。

そうだね。一般の企業では、これほどホスト部を長くする必要はないね。

●クラス B

　クラスBでは、IPアドレスの先頭は必ず10（2進数表記）で始まります。ネットワーク部は第1～第2オクテット、ホスト部は第3～第4オクテットです。

　ネットワーク部の第1オクテットは128～191、このネットワークでIPアドレスを割り当てられる最大ホスト数は65,534（$2^{16}-2$）個です。

　クラスBのネットワークの範囲は、次のようになります。

《クラスBの範囲》

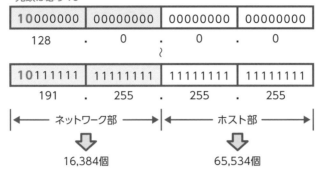

●クラス C

クラスCでは、IPアドレスの先頭は必ず110（2進数表記）で始まります。ネットワーク部は第1～第3オクテット、ホスト部は第4オクテットです。

ネットワーク部の第1オクテットは192～223、このネットワークでIPアドレスを割り当てられる最大ホスト数は254（2^8-2）個です。104ページに例として挙げた192.168.1.105が第3オクテットまでネットワーク部で、第4オクテットがホスト部なのは、このIPアドレスがクラスCのIPアドレスだからです。

クラスCのネットワークの範囲は、次のようになります。

《クラスCの範囲》

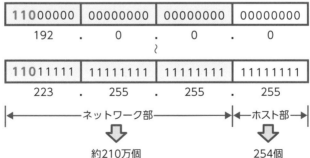

●クラス D とクラス E

　クラスDはマルチキャスト（序章2節を参照）に使用されるアドレスです。ク
ラスEは、実験用として将来のために予約されたIPアドレスです。クラスD、ク
ラスEのIPアドレスを使うことはできません。

　各クラスのIPアドレスの範囲と最大ホスト数を、次の表にまとめます。

《IPアドレスの範囲と最大ホスト数》

クラス	IP アドレスの先頭	IP アドレスの範囲	最大ホスト数
クラス A	0	0.0.0.0 ～ 127.255.255.255	16,777,214
クラス B	10	128.0.0.0 ～ 191.255.255.255	65,534
クラス C	110	192.0.0.0 ～ 223.255.255.255	254
クラス D	1110	224.0.0.0 ～ 239.255.255.255	－
クラス E	1111	240.0.0.0 ～ 255.255.255.255	－

ネットワークアドレスとブロードキャストアドレス

　前述したように、クラスA～CのIPアドレスでも、ホストに割り当てることが
できないIPアドレスがあります。

　1つはホスト部がすべて0のネットワークアドレスです。もう1つは、ホスト部
がすべて1のIPアドレスで、このアドレスをブロードキャストアドレスといいま
す。ブロードキャストアドレスは、そのネットワークのすべてのホスト宛てのブ
ロードキャストに使用されます。

《ネットワークアドレスとブロードキャストアドレスの例》

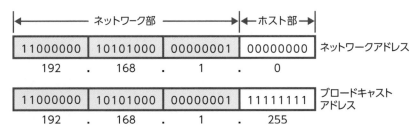

グローバルIPアドレスとプライベートIPアドレス

IPアドレスには、**グローバルIPアドレス**（global IP address）と**プライベートIPアドレス**（private IP address）の2種類があります。グローバルIPアドレスは、global（世界的な）という言葉のとおり、世界とつながるインターネットの通信で利用できます。

プライベートIPアドレスは、private（私的な）という言葉のとおり、企業内や家庭内のような私的なネットワーク（LAN）内でしか利用できず、インターネットでは使えません。そのかわり、プライベートIPアドレスとして指定されたIPアドレスの範囲内であれば、LAN内で自由に利用することができます。たとえば、

《グローバルIPアドレスとプライベートIPアドレス》

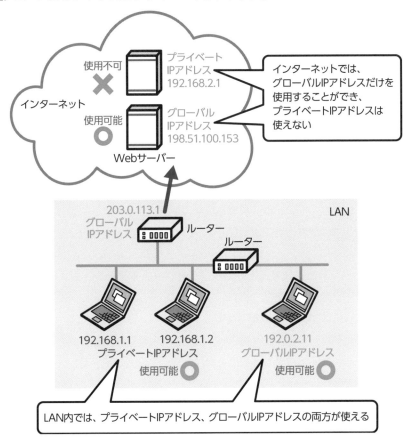

111

A社のLAN内の機器とB社のLAN内の機器に対して、同じプライベートIPアドレスを割り当てることが可能です。

　一方、グローバルIPアドレスはそのような制約がないため、インターネットでも、LAN内でも利用することができますが、同じIPアドレスを重複して割り当てることはできません。

どうしてすべてグローバル IP アドレスを使わないのですか？

グローバル IP アドレスの数が全然足りないから、そうもいかないんだ。

　プライベートIPアドレスが登場した背景には、IPアドレスの枯渇があります。現在、世界の人口は70億人を超え、多くの人が1台以上の通信機器を持つようになりました。また、あらゆるものがインターネットにつながるIoT（Internet of Things）の時代になり、家電などさまざまな機器がインターネットに接続されています。しかし、グローバルIPアドレスは、世界で約43億個しかありません。そこで、インターネットに接続しない閉ざされたプライベートネットワークでは、グローバルIPアドレスを利用せずに、プライベートIPアドレスを使うようにしたのです。グローバルIPアドレスがある企業の住所だとすると、プライベートIPアドレスはビル内の部屋番号のようなものなので、ほかのネットワークと重複しても問題ありません。

　インターネットに接続するときは、プライベートIPアドレスが、プライベートネットワーク内にある機器で共有しているグローバルIPアドレスに変換されます。変換の詳細は3章8節で説明します。

　プライベートIPアドレスは、次の表に示すように範囲が決められています。この範囲内であれば利用申請する必要もなく、自由に好きなIPアドレスを設定できます。

《プライベートIPアドレスの範囲》

クラス	IP アドレスの範囲
クラス A	10.0.0.0 〜 10.255.255.255
クラス B	172.16.0.0 〜 172.31.255.255
クラス C	192.168.0.0 〜 192.168.255.255

　上記の表に示した範囲以外のIPアドレスが、グローバルIPアドレス（一部例外があります）です。

ネットワーク層の基本プロトコルと転送技術

3 サブネット化

サブネット化とは

　前節では、ネットワーク部を8ビット単位で区切るクラスA〜Cの概念を紹介しました。しかし、実際のネットワークはもっと複雑です。8ビット単位ではなく、さらに細かく分けて利用されることがあります。

　クラス別のネットワークを分割することを**サブネット化**（subnetting）と、サブネット化によって分割した小さなネットワークを**サブネット**といいます。

う〜ん？　なぜサブネットに分けるのですか。クラスＡやクラスＢのアドレスを、企業などでそのまま使ってはダメなのですか？

それは、適切なネットワークとはいえないんだ。

　ネットワークでは、いろいろな情報がブロードキャストされています。ブロードキャストはネットワーク全体（ブロードキャストドメイン）に送信されるため、ネットワークのサイズが大きいと無駄なトラフィックが多くなり、通信の効率が悪くなったり、輻輳（ネットワークが混雑し、正常な送受信ができなくなる状態）が発生しやすくなったりします。また、ウイルスに感染した場合には、その影響範囲が広くなってしまいます。そのようなデメリットを軽減するために、ネットワークは適切な大きさに分割すべきなのです。

《ブロードキャストドメインが広いことによる弊害》

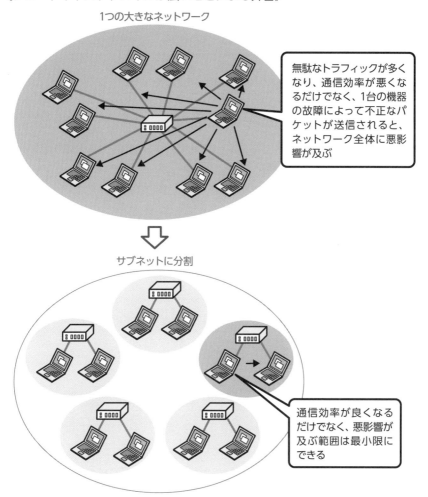

1つの大きなネットワーク

無駄なトラフィックが多くなり、通信効率が悪くなるだけでなく、1台の機器の故障によって不正なパケットが送信されると、ネットワーク全体に悪影響が及ぶ

サブネットに分割

通信効率が良くなるだけでなく、悪影響が及ぶ範囲は最小限にできる

　では、10.0.0.0のネットワークを例に、サブネット化について具体的に見ていきましょう。10.0.0.0はクラスAに属しているので、第1オクテットの8ビットがネットワーク部になります。

《サブネット化していない場合》

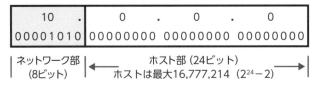

このネットワークを23ビットでサブネット化してみましょう。

《先頭から23ビットでサブネット化した場合》

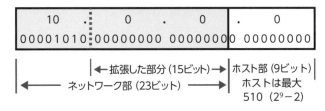

ネットワーク部が23ビットまで拡張され、ホスト部が9ビットになります。最大ホスト数は510に絞られました。

サブネットのネットワーク部の表記

クラスAの10.1.1.105やクラスBの172.16.1.1といったIPアドレスは、サブネットに分割されていなければ、それぞれ、先頭から8ビット、先頭から16ビットがネットワーク部であることがわかります。では、サブネットに分割されている場合は、何ビット分がネットワーク部であるかをどうやって理解するのでしょうか。

ネットワーク部とホスト部をどこで区切ったのかを表記する必要があると思います。

そのとおり！　何らかの方法で、区切りの位置を明記しないといけないね。区切り位置の表記方法は2種類あるんだ。

23ビットでサブネット化されたネットワークの10.1.1.105のIPアドレスを例に、説明しましょう。表記法は次の2つです。

・IPアドレスとサブネットマスクの併記
・プレフィックス表記（CIDR表記）

● IPアドレスとサブネットマスクの併記

　サブネットマスクは、IPアドレスのネットワーク部とホスト部の区切りを示す32ビットの値です。次に示すように、IPアドレスのネットワーク部のビットをすべて1に、ホスト部をすべて0にすることで、どこが区切りかを示します。

　たとえば、23ビットまでがネットワーク部であれば、23ビットまで1、それ以降を0とします。サブネットマスクを表記するときは、10進数を使用します。

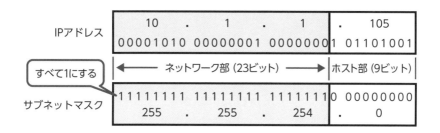

　IPアドレスとサブネットマスクを併記する表記法では、10.1.1.105/255.255.254.0のように「/」（スラッシュ）で区切って記します。

●プレフィックス表記（CIDR 表記）

プレフィックス表記は簡単です（CIDRに関しては122ページ参照）。ネットワーク部の長さ（ビット数）を「/」の後に記載し、10.1.1.105/23のように記します。ネットワーク部の長さは、プレフィックス長ともいいます。

比較的よく使用する21〜30ビットまでのプレフィックス長とサブネットマスクの対応を、次の表にまとめます。

《プレフィックス長とサブネットマスク》

プレフィックス長	サブネットマスク	参考（サブネットマスクを 2 進数で表記）
21	255.255.248.0	11111111 11111111 11111000 00000000
22	255.255.252.0	11111111 11111111 11111100 00000000
23	255.255.254.0	11111111 11111111 11111110 00000000
24	255.255.255.0	11111111 11111111 11111111 00000000
25	255.255.255.128	11111111 11111111 11111111 10000000
26	255.255.255.192	11111111 11111111 11111111 11000000
27	255.255.255.224	11111111 11111111 11111111 11100000
28	255.255.255.240	11111111 11111111 11111111 11110000
29	255.255.255.248	11111111 11111111 11111111 11111000
30	255.255.255.252	11111111 11111111 11111111 11111100

この表からもわかるとおり、サブネットマスクに使用される値は次の9種類だけです。この9種類だけでも、10進数と2進数の対応がサッと思い浮かぶようになるといいですね。

- ・0（00000000）
- ・128（10000000）
- ・192（11000000）
- ・224（11100000）
- ・240（11110000）

- ・248（11111000）
- ・252（11111100）
- ・254（11111110）
- ・255（11111111）

サブネット化の例

ここで実際に、次の設定でネットワークをサブネット化してみましょう。

・企業のネットワークは192.168.1.0/24で構成
・企業には4つの部署があり、部署ごとにネットワークを分割

どうやって4つに分けていいのかわかりません。

まず、サブネットに必要なビット数から考えてみよう。

192.168.1.0はクラスCのネットワークなので、サブネット化しなければ、ネットワーク部とホスト部の構成は次のようになります。

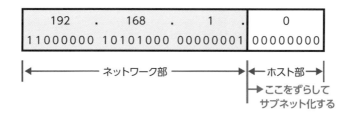

ネットワークをサブネット化するには、サブネット用に何ビット用意しなければならないかを考えます（サブネット用のビットをサブネット部やサブネットワーク部といいます）。この例では4つの部署があるので、少なくとも4つのサブネットを確保する必要があります。

1ビットで2つ（2^1）、2ビットで4つ（2^2）のサブネットが確保できるため、この例ではサブネット用にネットワーク部のビット数を2つ増やせばよいことがわかります。プレフィックス表記は「/26」（24＋2＝26）になります。

192.168.1.0/24のネットワークを26ビット目まで共通な4つのサブネットに分割すると、次のようになります。緑色の文字で示したのがサブネット部です。

・1つ目のサブネット（192.168.1.0/26）

IPアドレスの範囲は以下のとおりです。

【2進数】	11000000	10101000	00000001	00000000
【10進数】	192 .	168 .	1 .	0

〜

【2進数】	11000000	10101000	00000001	00111111
【10進数】	192 .	168 .	1 .	63

・2つ目のサブネット（192.168.1.64/26）

IPアドレスの範囲は以下のとおりです。

【2進数】	11000000	10101000	00000001	01000000
【10進数】	192 .	168 .	1 .	64

〜

【2進数】	11000000	10101000	00000001	01111111
【10進数】	192 .	168 .	1 .	127

・3つ目のサブネット（192.168.1.128/26）

IPアドレスの範囲は以下のとおりです。

【2進数】	11000000	10101000	00000001	10000000
【10進数】	192 .	168 .	1 .	128

〜

【2進数】	11000000	10101000	00000001	10111111
【10進数】	192 .	168 .	1 .	191

・4つ目のサブネット（192.168.1.192/26）

IPアドレスの範囲は以下のとおりです。

【2進数】	11000000	10101000	00000001	11000000
【10進数】	192 .	168 .	1 .	192

〜

【2進数】	11000000 10101000 00000001 **11111111**
【10進数】	192 . 168 . 1 . 255

《4つに分割したネットワーク》

192.168.1.0/26

192.168.1.128/26

192.168.1.64/26

192.168.1.192/26

192.168.1.0/24

サブネットに関する用語

●クラスフルアドレッシングとクラスレスアドレッシング

クラスA、クラスB、クラスCという、クラスの概念に基づいたネットワークアドレスの割り振り方法を**クラスフルアドレッシング**といいます。一方、サブネットマスクによって自由にネットワーク部の範囲を指定することができるアドレスの割り振り方法を**クラスレスアドレッシング**といいます。

クラスフルアドレッシングによるネットワークアドレスは、実際にはほとんど使われていません。しかし、かなり古いネットワーク機器には、クラスフルアドレッシングでのみ動作するものがあります。企業によっては、こうした古い機器を使い続けているところがあり、これと通信しなければいけない可能性もあるので、念のため、クラスフルアドレッシングの概念も覚えておきましょう。

●VLSM（可変長サブネットマスク）

VLSM（Variable Length Subnet Mask：可変長サブネットマスク）とは、ネットワークをサブネット化する際に、サブネット化するビット数をすべてのサブネットで揃えるのではなく、ネットワークに存在するホストの数に応じて変える仕組みです。

VLSMを利用すると、次の図のように、1つの組織で/25、/26、/27などとネットワーク部のビット数が違うサブネットで、ネットワークを構築することができます。

《VLSMを利用したネットワーク構成の例》

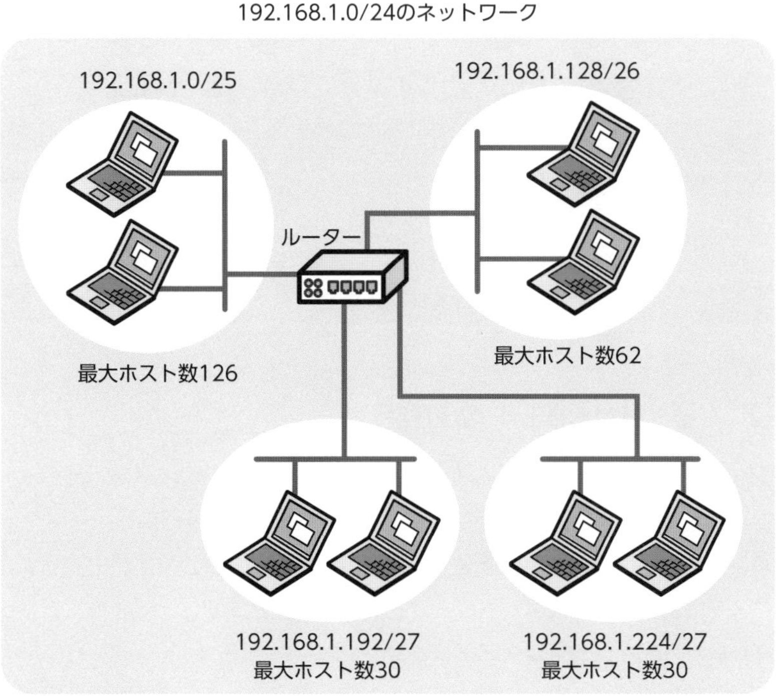

192.168.1.0/24のネットワーク

192.168.1.0/25

192.168.1.128/26

ルーター

最大ホスト数126

最大ホスト数62

192.168.1.192/27
最大ホスト数30

192.168.1.224/27
最大ホスト数30

●CIDR

　サブネットマスクによって、クラスの概念にとらわれないネットワークを指定できるようにしました。これと似た概念に、CIDR（Classless Inter Domain Routing）があります。CIDRも、クラスA、クラスBなどのクラスの概念にとらわれないクラスレスなアドレス設計の考え方です。

　この考え方に沿ったIPアドレスの表記方法が、前述したプレフィックス表記（CIDR表記）です。

じゃあ、サブネットマスクと CIDR は、単に表記方法が違うだけですか？

いや、CIDR は、クラスレスなネットワークの分割だけでなく、ルーティングの経路をまとめる概念にも利用されているんだ。

たとえば、4つのクラスCのネットワークがあるとします。この4つは次に示すように、192.168.0.0/22にまとめることができます。

《経路集約》

192.168.0.0/24	11000000 10101000 00000000 00000000
192.168.1.0/24	11000000 10101000 00000001 00000000
192.168.2.0/24	11000000 10101000 00000010 00000000
192.168.3.0/24	11000000 10101000 00000011 00000000

22ビットまで共通 ⟶ 192.168.0.0/22

これを、**経路集約**または**スーパーネット化**（supernetting）といいます。こうすることで、ネットワークごとに記載しなければならなかった4つの設定を1つにまとめて記載できるので、管理が楽になります。また、ルーティングを処理するルーターの負荷も軽減でき、処理が高速化されます。詳しくは、4章6節で説明します。

4 PCにおけるIPアドレスと ネットワークの設定

IPアドレスの確認

IPアドレスの復習として、自分のPCのIPアドレスを見てみましょう。

コマンドプロンプトを起動して、「ipconfig」と入力して実行すると、次のように自分PCのIPアドレスが表示されます（コマンドプロンプトの起動方法を忘れてしまったら、2章2節を復習してください）。

《「ipconfig」の結果》

```
c:¥>ipconfig     ← 「ipconfig」と入力して Enter キーを押す

Windows IP 構成

イーサネット アダプター イーサネット:

   接続固有の DNS サフィックス . . . . . :
   IPv4 アドレス . . . . . . . . . . : 192.168.1.3
   サブネット マスク . . . . . . . . : 255.255.255.0
   デフォルト ゲートウェイ . . . . . : 192.168.1.1

Wireless LAN adapter ローカル エリア接続* 1:

   メディアの状態 . . . . . . . . . . : メディアは接続されていません
   接続固有の DNS サフィックス . . . . :
```

＊これ以降、Windowsのコマンドプロンプトは、画面のキャプチャーではなく、テキストで表現しています。

「イーサネット アダプター イーサネット」のところの
「IＰｖ４ アドレス」欄に「192.168.1.3」という表示があります。

そう。それが剣持さんの PC の IP アドレス。

「イーサネット アダプター イーサネット」は有線LAN、つまりケーブルで接続されたLANを表しています。

イーサネット接続のIPアドレス情報を見てみましょう。IPv4アドレスは「192.168.1.3」です。サブネットマスクが「255.255.255.0」ということは、24ビットまでがネットワーク部です。このPCが所属するネットワークのネットワークアドレスは「192.168.1.0」です。

PCのネットワーク設定

ipconfigで確認したIPアドレスは、どうやって設定するのでしょうか。次に、PCでのIPアドレスの設定方法を説明しましょう。

① 「スタート」ボタン (⊞) をクリックし、表示されるアプリの一覧から「Windows システムツール」をクリックして展開します。

②表示される「コントロールパネル」をクリックします。

③ 「ネットワークとインターネット」→「ネットワークと共有センター」と順にクリックしたら、左側のリストの「アダプターの設定の変更」をクリックし、「ネットワーク接続」ウィンドウを表示します。

《「ネットワーク接続」ウィンドウ》

　では、ネットワークの設定を確認しましょう。「イーサネット」を右クリックして「プロパティ」を選択すると、次のような「イーサネットのプロパティ」ダイアログボックスが表示されます。

《「イーサネットのプロパティ」ダイアログボックス》

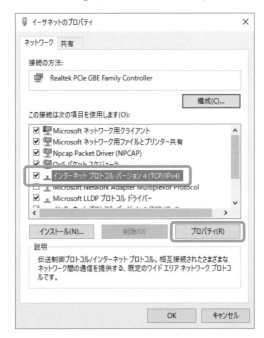

IPアドレスには、IＰｖ４（Internet Protocol version 4）とIＰｖ６（Internet

Protocol version 6）があります（IPv6については3章10節で詳しく説明します）。皆さんが日常的に使うのはIPv4なので、「インターネット プロトコル バージョン4（TCP/IPv4）」を選択して、「プロパティ」ボタンをクリックします。

　表示される「インターネット プロトコル バージョン4（TCP/IPv4）のプロパティ」ダイアログボックスで、IPアドレスを設定することができます。

《「インターネット プロトコル バージョン4（TCP/IPv4）のプロパティ」ダイアログボックス》

インターネット プロトコル バージョン 4 (TCP/IPv4)のプロパティ　　　✕

全般

ネットワークでこの機能がサポートされている場合は、IP 設定を自動的に取得することできます。サポートされていない場合は、ネットワーク管理者に適切な IP 設定を問い合わせてください。

○ IP アドレスを自動的に取得する(O)
● 次の IP アドレスを使う(S):

IP アドレス(I):　　　　　　192 . 168 . 1 . 3
サブネット マスク(U):　　　255 . 255 . 255 . 0
デフォルト ゲートウェイ(D):　192 . 168 . 1 . 1

○ DNS サーバーのアドレスを自動的に取得する(B)
● 次の DNS サーバーのアドレスを使う(E):

優先 DNS サーバー(P):　　　203 . 0 . 113 . 1
代替 DNS サーバー(A):　　　203 . 0 . 113 . 2

□ 終了時に設定を検証する(L)　　　　　　詳細設定(V)...

OK　　　キャンセル

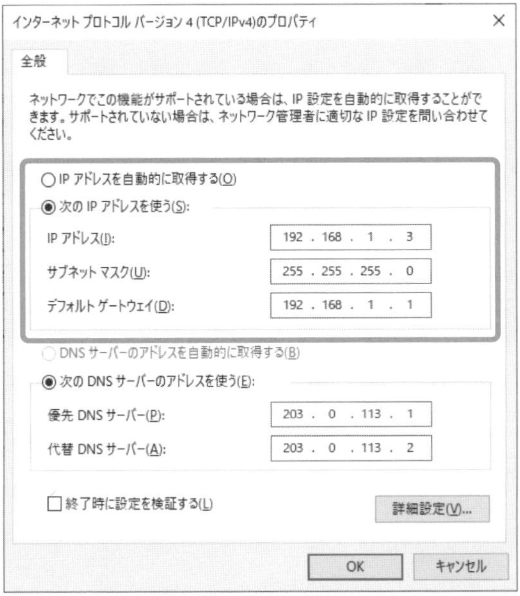

　IPアドレスは、自分で入力することも、自動設定に任せることもできます。上のダイアログボックスの設定項目のうち、このPCのIPアドレスの設定に関わる部分を説明しましょう。

・IPアドレスを自動的に取得する

　ここにチェックをつけると、ネットワークの設定情報を配布するサーバーが自動的にIPアドレスを割り当ててくれます。利用者が使用するPCなどは、一般的にこの方法でIPアドレスを設定します。自動取得の仕組みについては3章7節で詳しく説明します。

・次のIPアドレスを使う

　ここにチェックをつけた場合は、その下の「IPアドレス」「サブネットマスク」「デフォルトゲートウェイ」欄に、適切な値を入力します。デフォルトゲートウェイとは、内部ネットワークから外部ネットワークへの出口となるルーターのIPアドレスです。4章で詳しく説明します。

　このダイアログボックスの例では、手動でIPアドレス情報を入力しています。当然のことですが、コマンドプロンプトで表示したのと同じ値が設定されていることが確認できます。

 アイコンの表示とその意味について

　126ページの《「ネットワーク接続」ウィンドウ》を見てください。左の「Wi-Fi」には、×印とともに「接続されていません」と表示されています。Wi-Fiとは無線LANと同義で使われているため、これにより、無線LAN（Wi-Fi）に接続されていないことがわかります（環境によって表示は異なります）。右の「イーサネット」にはエラー表示がないので、正常に通信ができていると判断できます。

このように、「ネットワーク接続」ウィンドウはネットワークの接続状態を確認するときに、よく利用します。

接続状態には、次のようなものがあります。

●正常

イーサネット
ネットワーク
Realtek PCIe GBE Family Controller

●「イーサネット」のアイコンが表示されない

　・原因：NICが認識されていない

　・対策：NICのドライバーをインストールし直すなど、再設定をする

●「無効」と表示される

・原因：インターフェイスを無効に設定している
・対策：アイコンをダブルクリックして有効にする

●「ネットワークケーブルが接続されていません」と表示される

・原因：LANケーブルが接続されていない
・対策：適切なLANケーブルを正しく接続する

●「識別されていないネットワーク」と表示される

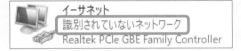

・原因：IPアドレスの設定が不適切なため、デフォルトゲートウェイにアクセスできないなどの問題がある
・対策：IPアドレスの設定を確認する

5 IP

IPとは

　ここからは、ネットワーク層で重要な役割を果たすプロトコルについて勉強していきましょう。

　初めに取り上げるのは、IPです。**IP**（Internet Protocol）は、異なるネットワークと通信するためのネットワーク層のプロトコルです。IPアドレスを使用して、通信相手を特定します。

IP は、ネットワーク層における通信プロトコルのひとつなんだ。

ひとつということは、ほかにもあるのですか？

かなり昔には IP 以外のプロトコルもあったんだけど、現在は IP がデファクトスタンダード、つまり世界標準として利用されているよ。

　現在私たちが広く使っているのは、ＩＰｖ４（Internet Protocol version 4）です。新バージョンであるＩＰｖ６（Internet Protocol version 6）が普及しつつありますが、これは後ほど説明します。

IPv4パケットの構造

　ネットワーク層では、上位層から送られてきたデータにレイヤー3ヘッダー（L3ヘッダー）をつけてカプセル化し、パケットという単位にまとめて転送します。IPアドレスの情報は、このレイヤー3ヘッダーに含まれています。上述したように、現在はIPによる通信が主流ですので、レイヤー3ヘッダー＝IPヘッダー、また、パケットはIPパケットということができます。

《ネットワーク層で行われるカプセル化》

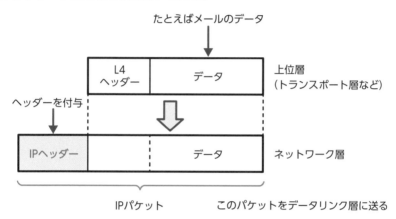

　IPヘッダーは20バイトで構成されます。また、IPパケットの最大サイズ(MTU: Maximum Transmission Unit) は、1,500バイトと決まっています。

《IPヘッダーとIPパケットのサイズ》

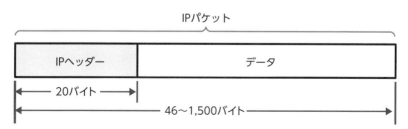

●IPv4 のヘッダーの構造

IPヘッダーは、次の図のような構造になっています。図では32ビット（4バイト）で区切って改行して表示しています。

《IPヘッダーの構造》

0	8	16	24	32ビット
①バージョン	②IHL	③ToS	④パケット長	
⑤識別子		⑥フラグ	⑦フラグメントオフセット	
⑧生存時間(TTL)	⑨プロトコル番号	⑩ヘッダーチェックサム		
⑪送信元IPアドレス（32ビット）				
⑫宛先IPアドレス（32ビット）				
⑬オプション（可変長）			⑭パディング（可変長）	

実際のデータも 32 ビットで区切られているのですか？

もちろん、そんな区切りはないよ。実際には、0 と 1 のデータが一列に並んでいるんだ。

ここでも、実際のパケットを見て、イメージをつかんでいきましょう。

次の画面は、2章でも紹介したWiresharkというソフトウェアでパケットを表示した様子です。IPアドレス192.168.0.3のPCから、https://www.impress.co.jp/（IPアドレスは203.183.234.2）にアクセスしています。

ウィンドウ下部は、ネットワーク上を流れているデータを16進数で示したものです。IPヘッダーは、薄い緑色のマーキングで示した部分です。ウィンドウの上部で、この部分がわかりやすく解説されています。

《Wiresharkによるパケットキャプチャーの例》

WiresharkによるIPヘッダーの説明

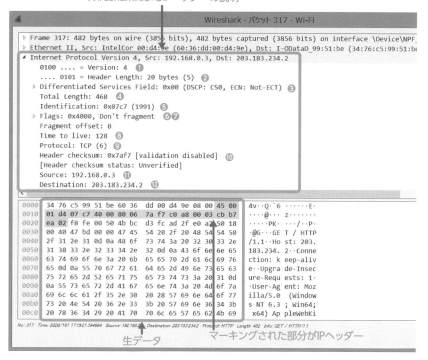

生データ　　　　　マーキングされた部分がIPヘッダー

IPパケットの各項目を上記のデータに照らし合わせて説明します。

《生データ（16進数表記）との照合》

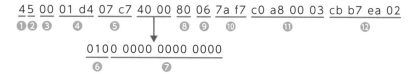

❶バージョン（4ビット）

IPのバージョン情報です。この例では、バージョン4である4になります。

❷IHL（IP Header Length：ヘッダー長）（4ビット）

IPヘッダーの長さを、32ビットの倍数で示します。通常は20バイト（160ビット、32の5倍）なので、ここは5になります。

❸ToS（Type of Service：サービスタイプ）（8 ビット）

パケットの優先度をつける場合に利用されます。あまり使用されることはありません。

❹パケット長（16 ビット）

パケットの長さをバイト長で表記します。この例では、16進数で01d4、10進数では468（バイト）になります。

❺識別子（16 ビット）

パケットが分割（フラグメント化）された場合にパケットを識別するグループ番号のようなものです。フラグメント化については、次ページの「【参考】パケットのフラグメント化」を参照してください。

❻フラグ（3 ビット）

1ビット目：使用されません。

2ビット目：パケットが分割されていれば0、分割されていなければ1が入ります。この例では1なので、パケットは分割されていません。

3ビット目：同じ識別子の最後のパケットであれば0、分割された続きのパケットがあれば1が入ります。この例では、パケットが分割されていないので0になります。

❼フラグメントオフセット（13 ビット）

同じ識別子で分割されたパケットの何番目に位置するかを示します。先頭のパケットは0になります。この例では、フラグメント化されていないので0になります。

❽生存時間（TTL：Time To Live）（8 ビット）

パケットの生存時間を示します。通常は128（16進数で80）から始まり、ルーターを通過するごとに1つずつ減っていき、0になったらパケットは廃棄されます。この機能によって、パケットがネットワーク上を永遠に流れ続けることを防ぎます。

❾プロトコル番号（8 ビット）

ICMP（1）、TCP（6）、UDP（17）、OSPF（89）など、データフィールドに含まれる上位層のプロトコルの種別を示します。各プロトコルについては後述します。

❿ヘッダーチェックサム（16 ビット）

IPヘッダーが途中で欠落していないかなど、ヘッダーの正確性を確認するための検査用データです。

⓫送信元 IP アドレス（32 ビット）

この例では16進数でc0.a8.00.03、10進数表記では192.168.0.3になります。

⓬宛先 IP アドレス（32 ビット）

この例では16進数でcb.b7.ea.02、10進数表記で203.183.234.2になります。

⓭オプション（可変長）

タイムスタンプなどの拡張情報を追加する場合のみ使用されます。

⓮パディング（可変長）

オプションがある場合、ヘッダー長が32ビットの整数倍になるように詰め物として0が挿入されます。

参考 パケットのフラグメント化

IPを用いた通信では、データリンク層のプロトコルごとに最大データサイズが決められています。イーサネットではMTUが1,500バイトと決まっているので、データサイズが1,500バイトより大きい場合は、データを分割して送信します。これをパケットのフラグメント化といいます。このとき、もともとひとまとまりだったパケットには同一の「識別子」が振られ、分割状況に応じて「フラグ」が、分割されたデータの位置を示すために「フラグメントオフセット」が指定されます。

6 ARP

ARPとは

　ネットワーク層ではIPアドレスを基にして通信を行うのに対して、データリンク層ではMACアドレスを基にして通信を行います。したがって、イーサネット上で通信を行うためには、宛先のIPアドレスを手がかりにして、それに対応したMACアドレスを取得する仕組みが必要になります。イーサネット環境で、IPアドレスからMACアドレスを取得する際には、ARP（Address Resolution Protocol：アドレス解決プロトコル）というプロトコルが利用されています。

> スイッチングハブがMACアドレスを学習するとき、未学習だった場合はたしか、受信ポート以外のすべてのポートにフレームを送出していましたが、それと同じような仕組みですか？

> そうなんだ。自分のMACアドレスとIPアドレスは自分自身が一番よく知っている。だから、送信元のPCがセグメント内のすべてのPCに問い合わせて、「私です」と答えてもらえばいいんだ。

　では、ARPによって、IPアドレスからMACアドレスを取得する流れを説明しましょう。次の図を見てください。PC1が192.168.1.2のIPアドレスを持つPC2と通信したいとします。セグメント内（つまりデータリンク層）の通信ではMACアドレスで宛先を判断するので、宛先のIPアドレスに対応するMACアドレスの情報が必要になります。

　PC1は、PC2と通信するために、192.168.1.2のIPアドレスを持つPCを問い合わせるパケット（ARP要求パケット）をブロードキャストで送信します（図❶）。

　該当するPC2が「私です」と応答するパケットを送信します（ARP応答、図❷）。それ以外のPCは、ARP要求パケットを無視します。PC1は、PC2からのARP応

答パケットの送信元MACアドレスの情報を見ることで、192.168.1.2のMACアドレスを知ることができます。

《ARPの動作》

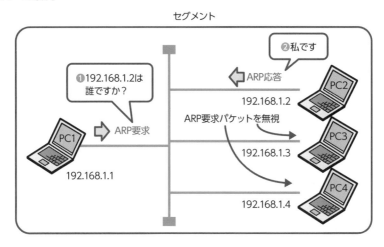

PC1は、192.168.1.2と取得したMACアドレスとの対応を**ARPテーブル**に記録します。

ARPテーブルは次のようになっています。

《ARPテーブル》

IP アドレス	MAC アドレス
192.168.1.2	00-00-5E-00-53-01
192.168.1.3	00-00-5E-00-53-35
192.168.1.4	00-00-5E-00-53-A6

●ARP テーブルの確認

ARPテーブルを編集したり内容を確認したりするには、arp（アープ）コマンドを使用します。Windows PCで試してみましょう。コマンドプロンプトを起動し、arpコマンドを実行します。次のように、「arp -a」と入力して実行すると、ARPテーブルの内容が表示されます。

《「arp -a」の結果（抜粋）》

```
C:¥>arp -a   ← 「arp -a」と入力して Enter キーを押す

               （中略）
インターネット アドレス   物理アドレス            種類
192.168.1.2            00-00-5e-00-53-01      動的
192.168.1.3            00-00-5e-00-53-35      動的
192.168.1.4            00-00-5e-00-53-a6      動的
                       （省略）

C:¥>
```

「インターネット アドレス」の欄にIPアドレスが、「物理アドレス」の欄に
MACアドレスが表示されます。

MAC アドレスを記録する MAC アドレステーブルというのがあ
りましたが、ARP テーブルとどう違うのですか？

ちょっと紛らわしいね。ここで整理しておこう。

・ARPテーブル：通信相手のIPアドレスとMACアドレスを対応づけたもの。PC
 などの機器に保持されます。
・MACアドレステーブル：MACアドレスとスイッチングハブのポートを対応づ
 けたもの。スイッチングハブに保持されます。

《ARPテーブルとMACアドレステーブル》

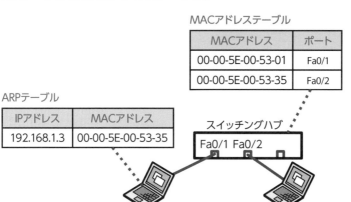

MACアドレステーブル

MACアドレス	ポート
00-00-5E-00-53-01	Fa0/1
00-00-5E-00-53-35	Fa0/2

ARPテーブル

IPアドレス	MACアドレス
192.168.1.3	00-00-5E-00-53-35

スイッチングハブ

Fa0/1 Fa0/2

IPアドレス：192.168.1.2
MACアドレス：00-00-5E-00-53-01

IPアドレス：192.168.1.3
MACアドレス：00-00-5E-00-53-35

剣持さんのように記憶があいまいな人は、2章5節内の「MACアドレスベースのフレーム転送」を復習してください。

7 DHCP

DHCPとは

DHCP (Dynamic Host Configuration Protocol) とは、IPアドレスなどのネットワークの設定情報をDHCPサーバーと呼ばれるサーバーから端末に自動的に割り当てる（払い出す）プロトコルです。DHCPサーバーでは、端末に割り当てるIPアドレスやDNS[※1]サーバーの情報を管理しています。

DHCPを使うと、手動（固定）で端末にIPアドレスを割り当てるのに比べて、簡単にネットワーク設定が行えます。また、割り当てたIPアドレスや端末の情報をDHCPサーバーで一元管理できるというメリットもあります。

一元管理するとどのようなメリットがあるのですか？

管理が楽になるんだ。規模の大きなネットワークでは、このメリットは大きいよ。

手動でIPアドレスを設定する場合、どの端末でどのIPアドレスを使っているかをきちんと把握しておかないと、IPアドレスの重複が起こって通信ができなくなります。DHCPを利用すれば、そういった管理の手間を軽減できます。

DHCPを利用するには、セグメント内にDHCPの機能を持ったDHCPサーバーが必要です。多くの家庭用のブロードバンドルーターや無線LANルーターにはDHCPサーバーの機能があります。また、Windows Serverなどサーバー用のOSにも、標準でDHCPサーバー機能が搭載されています。

DHCPサーバーには、あらかじめ、端末に割り当てるIPアドレスの範囲、サブ

※1 **DNS (Domain Name System)**：IPアドレスとインターネット上のコンピューターの名前であるドメイン名を変換する機能です。インターネットに接続するためには、DNSサーバーに接続する必要があります。6章で詳しく説明します。

ネットマスク、デフォルトゲートウェイとDNSサーバーのIPアドレスといった情報を設定しておきます（図❶）。また、IPアドレスを自動設定する端末側では、IPアドレスを自動的に取得する設定にしておきます（図❷、127ページを参照）。

その状態でIPアドレスが設定されていない端末を起動すると、端末はDHCPサーバーにネットワーク情報を要求します（DHCP要求、図❸）。しかし、端末にはまだネットワーク情報が設定されていないため、通常の通信を行うことができません。そこでDHCP要求はブロードキャストで送信されます。それを受信したDHCPサーバーが要求を送信してきた端末にIPアドレスやサブネットマスクなどのネットワーク情報を送信します（DHCP応答、図❹）。この手続きを経ることで、端末にはネットワーク情報が設定され、通信が可能になります。

《DHCPの動作》

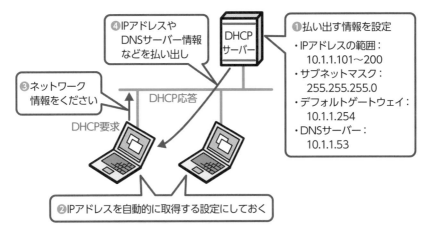

❹IPアドレスや
　DNSサーバー情報
　などを払い出し

❶払い出す情報を設定
・IPアドレスの範囲：
　10.1.1.101～200
・サブネットマスク：
　255.255.255.0
・デフォルトゲートウェイ：
　10.1.1.254
・DNSサーバー：
　10.1.1.53

DHCP
サーバー

❸ネットワーク
　情報をください

DHCP応答

DHCP要求

❷IPアドレスを自動的に取得する設定にしておく

もしDHCPサーバーが2台あったら、端末は2つのIPアドレスをもらってしまいませんか？

DHCPの要求と応答のパケットは、もう少し丁寧なやり取りをするから大丈夫なんだ。

上記の図はイメージ図として、端末がDHCPサーバーにDHCPの要求をして、DHCPサーバーが端末に応答する様子を記載しました。実際には、次のように端末からDHCPサーバーに対して要求を2回、DHCPサーバーから端末に対して応答を2回、合計で4つのフレームをやり取りしています。順に見ていきましょう。

《DHCPサーバーと端末がやり取りする様子》

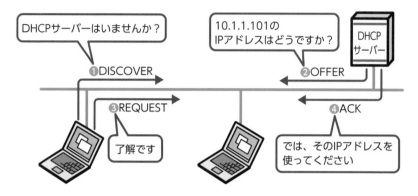

❶DHCP DISCOVER

　端末がDHCPサーバーを探す（DISCOVER）フレームで、ブロードキャストでセグメント内の端末に一斉送信します。DHCPサーバーを探すと同時にIPアドレスを要求します。

❷DHCP OFFER

　DHCPサーバーがIPアドレスの範囲内から未使用のIPアドレスを選択し、端末に対して、「このIPアドレスはどうでしょうか」と提案（OFFER）をするフレームです。このとき、IPアドレスだけでなく、サブネットマスクやDNSサーバーなどの情報も含まれます。

❸DHCP REQUEST

　端末からDHCPサーバーに対し、提案されたIPアドレスを使用したいという要求（REQUEST）をするフレームです。この段階ではまだ、DHCPサーバーから提案されたIPアドレスが端末に割り当てられておらず、このフレームはブロードキャストで送信されます。DHCPサーバーがネットワーク上に複数台あった場合

でも、端末は1つのDHCP OFFERしか受け入れません。また、このフレーム内には、使用したいIPアドレスと、その払い出しを行ったDHCPサーバーのIPアドレスの情報も含まれているため、どのサーバーから払い出されたIPアドレスを端末が使用するかはサーバー側で識別することができます。

❹DHCP ACK

DHCPサーバーが、要求に対して確認応答（ACKnowledgement）します。具体的には、「そのIPアドレスを使ってください」というフレームを端末に送って、払い出しが完了します。端末は、DHCPサーバーから払い出されたネットワーク情報を自らに設定し、通常の通信を行えるようになります。

DHCPリレーエージェント

DHCPリレーエージェントとは、端末からのDHCP要求をルーターなどが中継する機能です。

DHCP要求は、ブロードキャストで送信されますから、同一セグメントにしか届きません。企業のネットワークには、通常、複数のセグメントがありますが、セグメントごとにDHCPサーバーを用意するのは大変です。

たしかに、社内に10個のセグメントがあれば、10台のDHCPサーバーが必要ですもんね。

そうなんだ。そこで、DHCPリレーエージェントが登場するわけだ。

DHCPリレーエージェントの機能により、DHCPのブロードキャストパケットを、違うセグメントにあるDHCPサーバーに伝達することができます。

次の図を見てください。セグメント1にはDHCPサーバーがありません。セグメント1にある端末がDHCP要求を送ると（図❶）、DHCPリレーエージェントが有効になったルーターがそのパケットをセグメント3にあるDHCPサーバーに中

継します（図❷）。要求を受け取ったDHCPサーバーはIPアドレスなどのネットワーク情報を払い出し（図❸）、ルーターがその情報を端末に返します（図❹）。

《DHCPリレーエージェント》

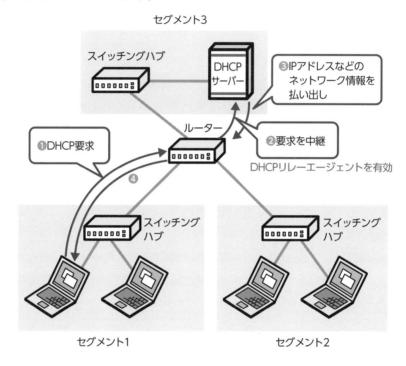

こうすれば、複数のセグメントがあっても、1つのDHCPサーバーで各セグメントの端末にIPアドレスを払い出すことができます。

8 アドレス変換

閉ざされたネットワークをインターネットに接続する仕組み

3章2節で説明したように、現在、グローバルIPアドレスは枯渇しており、企業が保有しているグローバルIPアドレスはそれほど多くありません。そのため、企業にあるPCやサーバーには、通常、プライベートIPアドレスが割り当てられています。プライベートIPアドレスはあくまで閉ざされたネットワーク用のアドレスであり、このままではインターネットに接続することができません。そこで、インターネットに接続する際には、LANの出口に設置されるルーターなどのネットワーク機器を使って、プライベートIPアドレスをグローバルIPアドレスに変換する必要があります。

2つのIPアドレスを相互変換する仕組みには、NAT（ナット）とNAPT（ナプト）の2つがあります。

NAT と NAPT って、どう違うんですか？

NAT は 1 つの IP アドレスを 1 対 1 で別の IP アドレスに変換するのに対して、NAPT は複数の IP アドレスを 1 つの IP アドレスに変換できるのが大きな違いなんだ。

NAT

まずNAT（ナット）（Network Address Translation）から説明しましょう。

実は、企業のネットワークでNATを使用するケースはそれほどありません。プライベートIPアドレスが割り当てられた複数のPCをインターネットに接続するケースでは、貴重なグローバルIPアドレスを効率良く使用するために、おおむ

ねNAPTが使われています。NATが使われるのは、たとえば、社内ネットワークの中に外部公開用のサーバーを設置するケースです。

　企業には、1つの用途のサーバーが、予備機や検証機を含めて複数台存在することがあります。そこで、すべてのサーバーにプライベートIPアドレスを割り当てておき、その中で実際に外部公開するサーバーだけにNATでグローバルIPアドレスを割り当てたりするのです。

NATの動作

　次のネットワーク構成図を見てください。外部公開サーバーであるメールサーバー、Webサーバーに、それぞれ172.16.1.25、172.16.1.80というプライベートIPアドレスが割り当てられています。そして、NATを使って203.0.113.1、203.0.113.2などのグローバルIPアドレスに変換して公開しています。ルーターには、NATで変換するIPアドレスの対応が**NATテーブル**として保存されています。

　たとえば、外部から宛先IPアドレス203.0.113.1のパケットをルーターが受け取ると、NATテーブルを参照し、宛先IPアドレスを172.16.1.25に変換します。そうすることで、203.0.113.1宛てのパケットをメールサーバー（172.16.1.25）に届けることができます。逆に、メールサーバーからインターネットへの通信は、

《NATの動作》

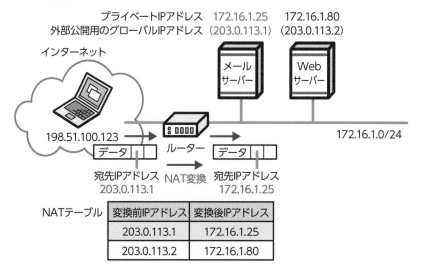

172.16.1.25から203.0.113.1に変換されます。

●送信元 NAT と宛先 NAT

IPパケットに含まれるIPアドレスには、送信元IPアドレスと宛先IPアドレスがあります。どちらを変換するのですか？

それは状況次第。どちらもあるよ。

送信元IPアドレスを書き換えるNATを送信元（Source）NAT、宛先IPアドレスを書き換えるNATを宛先（Destination）NATといいます。

先の図の例ではパケットの宛先のIPアドレスを変換しているので、宛先NATが行われています。次の図で確認しましょう。

《宛先NAT》

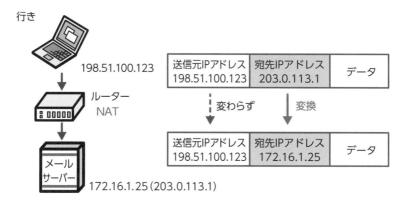

次はこの戻りのパケットを考えましょう。

PCからメールサーバーなどのサーバーと通信すると、必ずその応答パケットが届きます。応答の過程では、送信元がサーバーに、宛先がPCになるため、応答パケットがサーバーから送信された時点では、送信元IPアドレスが172.16.1.25に、

147

宛先IPアドレスが198.51.100.123になっています。172.16.1.25はプライベートIPアドレスなので、このパケットがルーターを通過する際に、今度は送信元IPアドレスが203.0.113.1というグローバルIPアドレスに変換され、送信元NATが行われます。

このように、PCとサーバーが通信する過程では、送信元NATと宛先NATの両方が行われます。次の図で確認してください。

《送信元NAT》

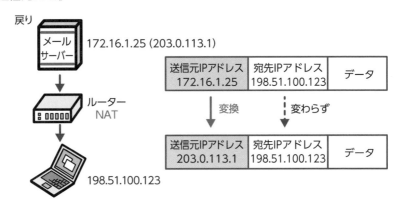

●NAT テーブルの確認

ここでも、実際のNATテーブルのデータを確認して理解を深めましょう。NATテーブルはルーターに保存されるので、Ciscoルータ[2]でNATテーブルを見てみます（コマンドや表示方法を覚える必要はありません）。

《CiscoルータのNATテーブルの例》

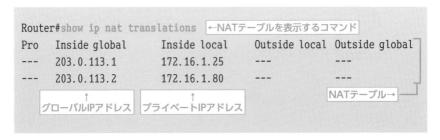

※2　Ciscoルータはシスコのルーター製品の総称です。

「Inside global」（内部グローバルアドレス）は、インターネット接続に使用するグローバルIPアドレス、「Inside local」（内部ローカルアドレス）はLAN側に割り当てられたプライベートIPアドレスです。NATテーブルの変換前と変換後のIPアドレスに対応していることがわかりますね。

NAPT

次に、NAPT（Network Address Port Translation）について説明しましょう。NAPTはPATやIPマスカレードと呼ばれることもあります。NAPTは、社内ネットワーク内のPCがインターネットに接続する際に、必ずといっていいほど利用される機能です。

社員3名の小さな営業所の例を見てみましょう。この営業所では、社員ごとに専用のPCが支給され、各PCにはプライベートIPアドレスが割り当てられています（次の図では192.168.1.1〜192.168.1.3）。しかし、こうしたケースではほとんどの場合、グローバルIPアドレスが1つしか割り当てられていません（図の198.51.100.123）。

インターネットに接続するには、グローバルIPアドレスが必要です。そのため、

《NAPTによるアドレス変換の例》

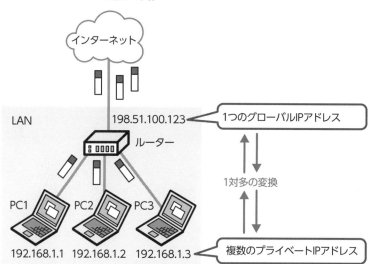

この例では、192.168.1.1～192.168.1.3の3つのプライベートIPアドレスを198.51.100.123という1つのグローバルIPアドレスに変換しなければいけません。それを実現する技術がNAPTです。

NATの場合は1対1のアドレス変換ですが、NAPTの場合はIPアドレスとポート番号の組み合わせを管理することで、1対多のアドレス変換を可能にしています。

ここでいうポート番号とはアプリケーション層のサービスを識別する数字で、レイヤー4ヘッダーに含まれます。2章のMACアドレステーブルやVLANの設定に出てきたポートとは別のものです。詳細は5章2節で解説します。

NAPTテーブルは、NATテーブルと違って、IPアドレスだけではなくポート番号も管理します。

《CiscoルータのNAPTテーブルの例》

プライベート		グローバル	
IP アドレス	ポート番号	IP アドレス	ポート番号
192.168.1.1（PC1）	53197	198.51.100.123	53197
192.168.1.2（PC2）	49620	198.51.100.123	49620
192.168.1.3（PC3）	50024	198.51.100.123	50024

＊ポート番号を変える場合もありますが、変えなくても、IP アドレスとの対応を管理するだけでPC1 ～ PC3 を特定できます。今回はポート番号を変えない場合を表記しています。

ポート番号にルールはあるのですか？

もちろん、ルールに則って決められているよ。

Webサーバーへのアクセスには、宛先ポート番号として、通常80が使用されます。送信元のポート番号は、49152から65535までの範囲内にある1つの値が、PC側で自由に割り当てられます。

NAPTの動作

次のネットワーク構成を例に、NAPTの動作を確認しましょう。PC1からインターネットのWebサーバー（203.0.113.3）に、ポート番号80番で通信するとします。

《NAPTの動作》

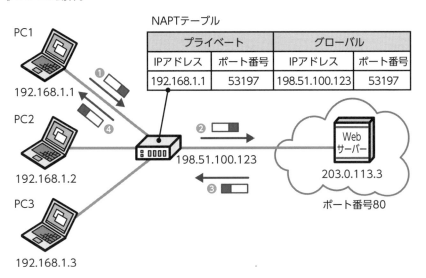

PC1からWebサーバーへ送られるパケットは、ルーターで次のように変換されます。

《PC1からWebサーバーへのパケット》

変換前（図❶）

送信元IPアドレス 192.168.1.1	宛先IPアドレス 203.0.113.3	送信元ポート番号 53197	宛先ポート番号 80	データ

変換後（図❷）　↓ 変換

送信元IPアドレス 198.51.100.123	宛先IPアドレス 203.0.113.3	送信元ポート番号 53197	宛先ポート番号 80	データ

応答パケットは、ルーターで次のように変換されます。

《WebサーバーからPC1への応答パケット》

変換前（図❸）

送信元IPアドレス 203.0.113.3	宛先IPアドレス 198.51.100.123	送信元ポート番号 80	宛先ポート番号 53197	データ

↓ 変換

変換後（図❹）

送信元IPアドレス 203.0.113.3	宛先IPアドレス 192.168.1.1	送信元ポート番号 80	宛先ポート番号 53197	データ

このように、IPアドレスとポート番号を管理しておくことで、198.51.100.123というIPアドレスを共有する3台のPCのうち、どのPCにパケットを届ければいいかを判断することができます。

● NAPT テーブルの確認

先ほどと同様に、この設定におけるCiscoルータのNAPTテーブルを見てみましょう。

《CiscoルータのNAPTテーブル》

```
Router#show ip nat translations   ←NATテーブルを表示するコマンド
Pro Inside global       Inside local      Outside local     Outside global
tcp 198.51.100.123 53197 192.168.1.1 53197 203.0.113.3:80   203.0.113.3:80
tcp 198.51.100.123 49620 192.168.1.2 49620 203.0.113.3:80   203.0.113.3:80
tcp 198.51.100.123 50024 192.168.1.3 50024 203.0.113.3:80   203.0.113.3:80
（以下省略）
```

198.51.100.123という1つのグローバルIPアドレスに対して、複数のプライベートIPアドレスが対応していることがわかります。

9 ICMP

ICMPとは

ICMP（Internet Control Message Protocol）は、IPを基にした通信で障害が発生したときに、送信元にエラー情報を通知したり、宛先にパケットを受信したかを問い合わせたりするメッセージを転送するプロトコルです。IPを基にした通信には欠くことのできないプロトコルで、ネットワーク層で動作します。

ICMP プロトコルを使った代表的なコマンドに ping があるんだ。

ネットワークの疎通確認などに使うコマンドですね。以前読んだ本に載っていました。

そのとおり。ping についてもここでしっかり学んでおこう。

ICMPパケットの構造とICMPメッセージ

ICMPパケットは、次の図に示すように、IPパケットのデータ部にICMPメッセージが格納されて送信されます。

《ICMPパケットの構造》

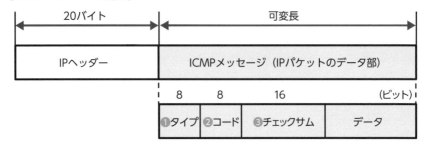

❶タイプ（8 ビット）

ICMPメッセージの種類を表します。

❷コード（8 ビット）

メッセージの種類を細分化した番号です。

❸チェックサム（16 ビット）

ICMPメッセージのエラーチェックを行う値です。

次の表に主なICMPメッセージをまとめます。

《主なICMPメッセージ》

タイプ	メッセージの種類	解説
0	Echo Reply （エコー応答）	ping コマンドの応答パケットで、正常に応答したことを表す
3	Destination Unreachable （宛先到達不能）	宛先に到達不能であることを表す ・コード 0：Network Unreachable（宛先のネットワークに到達不能） ・コード 1：Host Unreachable（宛先のホストに到達不能）
5	Redirect （経路変更）	より最適な経路があることを表す
8	Echo Request （エコー要求）	ping コマンドの要求パケットで、通信相手との接続性を確認するために送る
11	Time Exceeded （時間超過）	定められた生存時間（TTL：Time To Live）*を超えた（Exceeded）ため、パケットを破棄したことを表す

＊何台の機器を通過することができるかを示し、その値は機器ごとに異なります。たとえば、ping を送信した相手が Windows の場合は 128（台）、Linux の場合は 64（台）、ネットワーク機器の場合は 255（台）です。

● ping

pingは、ICMPの機能を利用して、通信相手との疎通を確認するコマンドです。
ネットワークのトラブルシューティングにも活用されます。

pingコマンドでは、通信相手にEcho Request（エコー要求）を送信し、相手
にpingのパケットが届き、Echo Reply（エコー応答）が返信されれば、正常に
通信ができていると判断します。

ネットワークの現場では、pingコマンドを実行することを「pingを打つ」と
表現することがあります。

《pingによるEcho Request（エコー要求）とEcho Reply（エコー応答）》

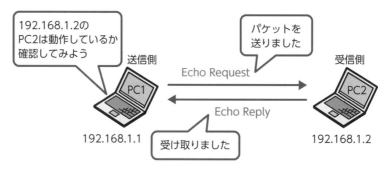

ICMPのメッセージを見ることで、たとえば、ネットワークが接続できない理
由がわかることがあります。

下の図のネットワーク構成で、次の3つの宛先にpingを送信してみましょう。

❶172.16.1.3（存在するIPアドレス）

❷172.16.1.4（存在しないIPアドレス）

❸10.1.1.5（ルーターが知らないネットワークに存在するIPアドレス）

《ネットワークの構成例》

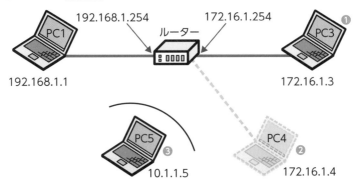

❶172.16.1.3（存在するIPアドレス）へのping

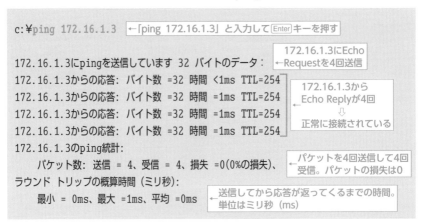

　pingを実行すると、Echo Requestが4回送信されます。その結果、172.16.1.3から、4回応答がありました。これは、タイプ0のEcho Replyで、通信相手が存在し、正常に接続されていることを示しています。

　次に、存在しない172.16.1.4というIPアドレス宛てにpingを送信してみましょう。

❷172.16.1.4（存在しないIPアドレス）へのping

```
c:¥ping 172.16.1.4
```
←「ping 172.16.1.4」と入力して Enter キーを押す

```
172.16.1.4にpingを送信しています 32 バイトのデータ：
要求がタイムアウトしました。
要求がタイムアウトしました。
要求がタイムアウトしました。
要求がタイムアウトしました。
```
← 192.168.1.1自身が「時間内に応答がない」と知らせている

```
172.16.1.4のping統計：
    パケット数：送信 = 4、受信 = 0、損失 =4(100%の損失)、
```

「要求がタイムアウトしました。」と表示されています。これは相手からの応答メッセージではなく、pingを送信したコンピューターが自ら表示する、「時間内に応答がなかった」というメッセージです。タイムアウトになる原因としては、該当するIPアドレスが存在しない、LANケーブルが外れている、PCのパーソナルファイアウォールの設定などでpingの応答を拒否していることなどが考えられます。

　最後に、ルーターが知らないネットワークに存在するIPアドレスへのpingを見てみます。

❸10.1.1.5（ルーターが知らないネットワークに存在するIPアドレス）へのping

```
c:¥>ping 10.1.1.5
```
←「ping 10.1.1.5」と入力して Enter キーを押す

```
10.1.1.5にpingを送信しています 32バイトのデータ:
192.168.1.254からの応答：宛先ホストに到達できません。
192.168.1.254からの応答：宛先ホストに到達できません。
192.168.1.254からの応答：宛先ホストに到達できません。
192.168.1.254からの応答：宛先ホストに到達できません。
10.1.1.5のping統計：
    パケット数：送信 = 4、受信 = 4、損失 = 0(0%の損失)、
```
← ルーターが経路情報がないことを知らせている

今度は「宛先ホストに到達できません。」と表示されます。これは、ICMPタイプ3、コード1の宛先到達不能メッセージです。

　このメッセージは、192.168.1.254から送信されていることから、宛先のホストではなくルーターからの応答であることがわかります。ルーターは、10.1.1.5のネットワークへの経路情報を持っていないので、「そんなの知らないよ」というメッセージを送信元のコンピューターに返しているのです。「到達できません」というメッセージが表示された場合は、まずはルーターのルーティングの設定を疑ってみてください。

　このように、pingに対して正常な応答が戻ってこない場合の原因はさまざまです。表示されるメッセージを細かく確認することで、問題を絞り込むことができます。

10   IPv6

IPv6とは

かつては十分と思われた約43億個のIPv4アドレスでは、現在のネットワークの需要を満たすことができなくなりました。プライベートIPアドレスやNAPTなど、IPアドレスを有効活用する方策も導入されましたが、根本的な解決には至りませんでした。そこでIPアドレス枯渇対策の切り札として登場したのが、**IPv6**（Internet Protocol version 6）アドレスです。

IPv4アドレスが32ビット（2^{32}）なのに対し、IPv6アドレスは128ビット（2^{128}）に拡張されました。それによって、IPv4（約43億個）の2^{96}倍という、膨大な数のIPアドレスが確保できるようになりました。

IPv4とIPv6の違いは、IPアドレスの桁数だけではありません。たとえば、IPv6では、DHCPサーバーがない環境でもIPアドレスを端末に自動設定することが可能です。またIPv6では、標準ヘッダーに加えて拡張ヘッダーを導入することで、パケットを暗号化したり送信元を認証したりするセキュリティ機能（IPsec）も追加されました。

IPv6は、PCではまだそれほど普及していませんが、多くの機器でIPv6への対応が順次進んでいます。私たちが日頃使っているPCやサーバー、多くのネットワーク機器も、実はIPv6に対応しているのです。

IPv6アドレスの表記方法

IPv6では、IPアドレスの128ビットの値を16ビットずつ「:」で8つのフィールドに区切り、16進数で表します。

《IPv6アドレスの表記例》

2001 ： 0db8 ： 0000 ： 0000 ： 0000 ： abcd ： 0000 ： 1200

0010000000000001 0000110110111000 0000000000000000 0000000000000000 0000000000000000 1010101111001101 0000000000000000 0001001000000000

16進数で表記しても、まだまだ長い文字列になるため、次のルールで表記を簡略化することができます。

《IPv6アドレスの圧縮表記のルール》

①フィールドの先頭の0を省略する。(例) 0db8 → db8

②すべて0のフィールドは0に省略。(例):0000: → :0:

③連続する「:0:」は「::」に省略可能。(アドレス内で1箇所のみ)

　(例):0:0:0: → ::

　たとえば、次のように簡略化されます。

　　　　2001:0db8:0000:0000:0000:abcd:0000:1200
　　　　　　　↓ ①と②のルールを適用
　　　　2001:db8:0:0:0:abcd:0:1200
　　　　　　　↓ ③のルールを適用
　　　　2001:db8::abcd:0:1200

「::」はアドレス内で1箇所しか使用できません。複数の箇所に使用すると、それぞれ何桁分の0を示しているのかわからなくなってしまうためです。「:0:」が連続する箇所が複数ある場合、連続する0が一番多いところに「::」を使用します。また、連続する0の数が同じ場合、最初（左）に連続する部分に「::」を使用します。

IPv6アドレスの構造

IPv6アドレスも、ネットワークのアドレスを示す部分とホストのアドレスを示す部分から構成されています。IPv4ネットワークのネットワーク部に相当するのがサブネットプレフィックス、ホスト部に相当するのがインターフェイスIDで、一般的には、それぞれ64ビットの長さを持っています。

《IPv6アドレスの構造》

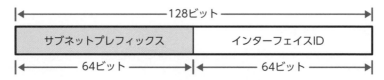

IPv6アドレスの種類

　序章2節で、ユニキャスト、ブロードキャスト、マルチキャストの3種類の通信について説明しました。これはIPv4で行われる通信の種類です。IPv6では、通信をユニキャスト、マルチキャスト、エニーキャストに分類し、次の3種類のアドレスが使用されます。

・ユニキャストアドレス

　一般的な1対1の通信（ユニキャスト）で使用されるアドレスです。

・マルチキャストアドレス

　IPv4と同様に、特定のグループ宛ての通信（マルチキャスト）に使用されるアドレスです。IPv6ではブロードキャストアドレスは設定されておらず、マルチキャストアドレスがブロードキャストアドレスの役割も果たします。

・エニーキャストアドレス

　エニーキャストとは、特定のグループに含まれる複数の機器のうち、送信元との距離[3]が最も近い機器に対する通信で、IPv6で新たに定義されました。このグループに属する機器には同じIPv6アドレスが付与され、このアドレスがエニーキャストアドレスになります。複数の機器に同じIPv6アドレスが付与されていますが、送信元と通信するのは1台だけなので、結果的には1対1の通信（ユニキャスト）と同じになります。

　例として、Webサーバーで考えてみましょう。ユニキャストであれば、1台のWebサーバーとしか通信ができません。一方、エニーキャストを使った場合、送信元から、グループに属する複数のWebサーバーまでの距離が同じである限り、いずれかのWebサーバーが応答する形となり、Webサーバーに対するパケットが複数のサーバーで分散処理されます。つまり、1台のWebサーバーが故障したとしても、ほかのWebサーバーで応答することができるため、Webサーバーが使えない時間を短くすることができます。

　ただ、実際の機器でこのエニーキャストアドレスを実装している例は多くあり

※3　この場合、物理的な長さとしての距離を意味するのではなく、送信元から宛先までの間に経由するルーターの数を意味します。4章4節で詳しく説明します。

ません。

●ユニキャストアドレスの種類

IPv4アドレスは、アドレスを使用できる範囲によって、グローバルIPアドレスとプライベートIPアドレスの2種類に分類されていました。IPv6では、次の3種類のアドレスがあります。

・ユニークローカルユニキャストアドレス

IPv4のプライベートIPアドレスに相当するアドレスです。先頭8ビットが「1111 1101」（fd00::/8）のアドレスです。

・グローバルユニキャストアドレス

インターネット上での通信が可能な、IPv4のグローバルIPアドレスに相当するアドレスです。先頭3ビットが「001」（2000::/3）のアドレスです。

・ リンクローカルアドレス

ルーターを介さずに接続できる相手との通信（セグメント内の通信）だけに使用できるアドレスです。先頭10ビットが「1111 1110 10」（fe80::/10）のアドレスです。

リンクローカルアドレスを使わないことも可能ですが、通信上の取り決めとして、設定することが定められています。

IPv6では、1つのNICに複数のIPアドレスを設定することができます。

ということは、1つのNICにユニークローカルユニキャストアドレスとリンクローカルアドレスの2つを割り当てることが可能なんですね。

そうなんだ。

IPv6アドレスでの通信

IPv6アドレスは、まだ十分に普及していません。ですから、IPv4とIPv6の2つ環境がしばらくの間、共存することになります。

IPv4 と IPv6 はプロトコルとして互換性があるのですか？

互換性はないんだ。だから IPv4 アドレスの機器と IPv6 アドレスの機器は通信することができないんだけど、たいていの PC やネットワーク機器は IPv4 と IPv6 の両方に対応しているよ。

自分のPCで「ネットワーク接続」ウィンドウを表示し（3章4節内の「PCのネットワーク設定」を参照)、「イーサネット」を右クリックします。「イーサネットのプロパティ」ダイアログボックスが表示されたら、「ネットワーク」タブでIPv6に対応しているかを確認してみましょう。

《「イーサネットのプロパティ」ダイアログボックス》

このように、「インターネット プロトコル バージョン6（TCP/IPv6）」にチェックが入っていて、デフォルトでIPv6が有効になっています（チェックを外すとIPv6は無効になります）。

> ということは、もしかして、私のPCからIPv6で通信することができますか？

> もちろん。試しにテストしてみよう。

2台のPCを用意し、スイッチングハブで接続します。構成は次のようになります。

《IPv6通信の構成例》

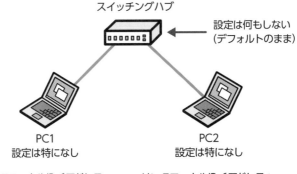

まず、PC1で、自身のIPv6アドレスを確認しましょう。
コマンドプロンプトを起動して、「ipconfig」と入力します。

《「ipconfig」の結果》

```
C:¥>ipconfig   ←「ipconfig」と入力してEnterキーを押す
Windows IP 構成
イーサネット アダプター イーサネット:
   接続固有の DNS サフィックス . . . . .:
   リンクローカル IPv6 アドレス. . . . .: fe80::9c41:391a:ad03:66dc%12
   自動構成 IPv4 アドレス. . . . . . . .: 169.254.102.220
   サブネット マスク . . . . . . . . . .: 255.255.0.0
   デフォルト ゲートウェイ . . . . . . .:
```

「リンクローカルIPv6アドレス」の「fe80::9c41:391a:ad03:66dc」がNICに設定されたIPv6アドレスです。アドレスの後の「%12」はスコープIDやゾーンIDと呼ばれるもので、「このNICにいくつかあるインターフェイスの番号」程度に考えておいてください。

　では、PC2のIPv6アドレスにpingコマンドを実行してみましょう。先と同様に、PC2でipconfigを実行して、PC2のIPv6アドレスを調べます。その結果、「fe80::223:8bff:fe18:d3b5」であることがわかったので、このIPv6アドレスに向けてpingコマンドを実行します。

《PC2のIPv6アドレスへのpingの結果》

```
C:¥>ping fe80::223:8bff:fe18:d3b5    ←「ping fe80::223:8bff:fe18:d3b5」と
                                       入力してEnterキーを押す

fe80::223:8bff:fe18:d3b5 に ping を送信しています 32 バイトのデータ:
fe80::223:8bff:fe18:d3b5 からの応答: 時間 =1ms
fe80::223:8bff:fe18:d3b5 からの応答: 時間 <1ms
fe80::223:8bff:fe18:d3b5 からの応答: 時間 <1ms
fe80::223:8bff:fe18:d3b5 からの応答: 時間 <1ms
fe80::223:8bff:fe18:d3b5 の ping 統計:
    パケット数: 送信 = 4,受信 = 4,損失 = 0 (0% の損失)、ラウンド トリップの概算時間 (ミリ秒):
    最小 = 0ms、最大 = 1ms、平均 = 0ms
```

　PC2からも無事応答がありました。このとおり、PCもネットワーク機器も、特にIPv6の設定を行うことなくIPv6通信ができるのです。

解決 》 サブネットマスク

服部と成子は、急いで秘書がいる 2 階の部屋へ向かった。

待ち受けた秘書の伊藤は、服部と成子に IT ベンダーが作成した今回のネットワーク変更の手順書や構成図を見せた。

「今、IT ベンダーの手順書どおりにやって、2 階のスイッチングハブから 1 階のスイッチングハブに ping コマンドを実行しているのですが、成功しないんです」

「新設したスイッチングハブや光ケーブルが怪しいですね」と成子が服部にささやいた。

「たしかに、その可能性もある」

「では、私、頑張って調べてみます！」

「じゃあ、この PC を使ってください」と秘書の伊藤が成子に席を譲った。

成子は張り切って椅子に座り、秘書の伊藤の代わりに PC を操作し始めた。だが、いつまで経っても原因がつかめない。

「伊藤さん、光ケーブルが壊れていると思います」

成子は原因がわからず、IT ベンダーが新設した光ケーブルを疑っている。

「僕もそう思ったんですよ。でも、IT ベンダーの方は、光ケーブルの通信テストをしたので問題ないって言い張るんです。見てください。ここに通信結果があります」

そういって、通信結果を見せてくれた。

「でも、これがねつ造かもしれませんよ」

成子は譲らない。

（光ケーブルがおかしいんだって……）

「あれ？　なんか変だ」

白い紙に何やら書いていた服部がボソッと言った。

「何がおかしいんですか？」と成子がのぞき込む。

「いや、この IP アドレス、おかしくないか？」

「たしかに、変なグローバル IP アドレスを使ってますし、サブネットも 26 ビットです」

「いや、そこじゃない」

「これは通信できないさ」と服部は謎が解けた顔をした。

「え？　何がおかしいのですか？」

「もう一度、この構成図の IP アドレスを見てごらん」

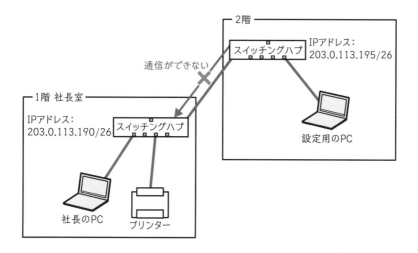

「……わからないです」と言った成子だったが、しばらくして気がついたようだ。

「あっ、サブネットが違うんですね」

「そう。1 階のスイッチングハブの IP アドレスが 203.0.113.190 で、2 階は 203.0.113.195。プレフィックス長が 24 ビットなら同一セグメントだけど、26 ビットであれば、別セグメントだ」

「そんな単純な理由だったのですね。じゃあ、IP アドレスを 203.0.113.185 とかに変えれば……」

そう言って成子は、2 階のスイッチングハブにコマンドを入力して、IP アドレスを変更する。そして、通信テストとして ping コマンドを実行する。

「やった！　成功です。でも、そんな単純なことだったんですね」

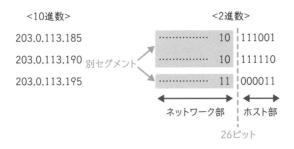

<10進数>		<2進数>
203.0.113.185		10 | 111001
203.0.113.190	別セグメント	10 | 111110
203.0.113.195		11 | 000011

ネットワーク部　ホスト部

26ビット

「そうだね。僕も今やっと気がついた」

「服部さんはどうして気がついたんですか？」

成子は興味津々だ。

「僕もケーブルがおかしいと思っていたんだけど、頭の整理のために、今回の
ネットワーク構成を自分で図に描き直してみたんだ。描いてみて、サブネット
の間違いに気がついた。眺めているだけだと、なかなか気がつかないものだな
あと改めて感じた」

成子はまた1つ学んだ。眺めているだけではなく、自ら図に描いてみることで、
頭の整理ができるということである。今回のトラブルは光ケーブルが原因と決
めつけてしまった自分を反省した。「まだまだ半人前だわ」と反省しつつも、「頑
張ろう！」と決意を新たにした成子であった。

頑張ろう！

IPアドレスは住所で、MACアドレスは名前?

コンピュータ同士がネットワーク経由で通信する際には、IPアドレスとMACアドレスの2つが必要です。では、なぜ2つのアドレスが必要なのでしょうか。

わかりやすくするために、身近な例で置き換えて考えてみましょう。その場合、IPアドレスは住所に、MACアドレスは名前にしばしばたとえられます。

まず、住所(IPアドレス)をなくし、名前(MACアドレス)だけにした場合を考えます。この場合、郵便を配達するときに、郵便局の方が非常に苦労されると思いませんか？　同姓同名がいないと仮定しても、鈴木一郎さんが世界のどこにいるのかはわかりません。おそらく名前を「北海道札幌市中央区の鈴木一郎」などにしないと、配達が大変だと思います。

逆に、名前(MACアドレス)をなくして住所(IPアドレス)だけにするのはどうでしょう。ネットワークは世界中から利用できますから、接続する住所はコロコロ変わる可能性があります。仮に大阪から東京に出張してインターネットに接続した場合、とてもややこしくなりそうですね。

このように、住所(IPアドレス)と名前(MACアドレス)の両方があるからこそ、実社会でもネットワークの世界でもスムーズにコミュニケーションをとることができるのです。もちろん、どちらか一方にすることは「絶対に無理だ」と言い切ることはできません。ただ、どちらか一方に統合するには、両者でやり取りする際の仕組みを大幅に変更する必要があることでしょう。

次の4章で詳しく解説しますが、LANを越える通信の場合には、IPアドレス(住所)によるルーティングでデータを運びます。一方、LAN内の最終的な宛先を確認するには、MACアドレス(名前)を使います。

やや強引というか、こじつけの理論で解説しましたが、このように、現実に置き換えて考えてみるのも、ネットワークのいい勉強になるかもしれません。

4章

ルーティング
の
設定

ルーティングがうまくいかない！

成子が入社してから 3 カ月が過ぎた。

「シスコの技術者認定資格である CCNA[※1] を勉強しているって聞いたけど」
と服部が成子に声をかけた。

「はい、シスコのコマンドだけではなく、IP アドレスやネットワークの基礎知識も学べているので、とてもいい勉強になってます」

「それは頼もしいな。ちょうどいい仕事があるので、ぜひ頼みたい」

「どんな仕事ですか？」

「ネットワークエンジニアっぽい仕事だぞ」

「え？　楽しみです」

成子は目を輝かせる。

「これまで開発部は機密データが多かったので、営業部や総務部、人事部などとはネットワークを完全に切り離していた。今回は、その 2 つのネットワークを接続する設定をするんだ」

「機密情報があるんですよね？　2 つの組織の間で、セキュリティはどう守るんですか？」

「セキュリティの設定は僕が対応するから、心配しなくていいよ。剣持さんは、開発部に新しいルーターを設置するとともに、2 つのネットワークをケーブルで接続し、ルーティングできるようにしてもらいたい。新しいルーターは開発部で購入済みなので、受け取ってほしい」

「ルーティングの設定ですか。はい、是非やらせてください。CCNA 受験のための勉強をしているのでコマンドは知っています。でも、実際にやるのは初めてなので、とても楽しみです！」

「おお、前向きだな。設定作業だけど、日中は通常業務があるから切り替えは

※1　**CCNA**：Cisco Certified Network Associate。シスコの技術者認定資格の中の「基礎」レベルに相当する。

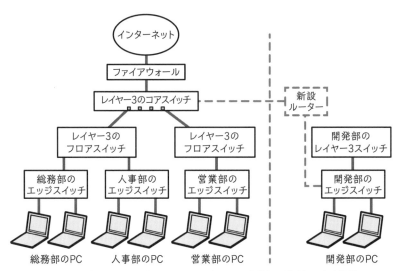

新しいネットワーク構成図。開発部にルーターを新設し、営業部・総務部・人事部側のネットワークとつなげる。

できない。だから21時から作業を始めてほしい」

「残業、喜んでお受けいたします！」

成子は笑顔で言う。

「満点の返事だな。じゃあ、それまでに、簡単な設計書や作業手順書を作っておいて、万全の体制で作業に取り組もう」

「わかりました！」

21時の切り替えの時刻が過ぎ、22時になっても完了報告がない。心配になった服部は、成子の様子を見に向かった。

「どう？」と服部が聞くと、成子は珍しく落ち込んだ様子を見せた。

「通信ができません……」

「そうか。原因は何かわかった？」

「切り分けるために物理層から確認をしています。ケーブルを入れ替えましたし、スイッチングハブのリンクランプで接続されていることも確認しています」

「pingコマンドで疎通確認をした？」

「はい、しましたが、通信ができません」

「今回は、LANとLANをまたぐ通信だから、ルーティングについて知っておく必要がある。万一朝までかかっても始業時間に間に合えばいい。じゃあ基礎知識から学んでいこうか」と服部は長期戦の構えだ。

1 ルーター

ルーターとは

3章では、ネットワーク層の役割とIPアドレスについて解説しました。4章では、ルーティングを中心に、ネットワーク層の仕組みを学んでいきます。

ネットワーク層は、異なるネットワーク間の通信機能を提供します。そのために使用されるのが、ルーターという機器です。

なぜスイッチングハブではなくて、ルーターが必要なのですか。

レイヤーを意識して考えてみよう。

スイッチングハブはデータリンク層（レイヤー2）で動作する機器です。データリンク層は同じセグメント内の通信を担当し、イーサーネットフレームのMACアドレスで通信相手を識別します。一方ネットワーク層（レイヤー3）は、異なるネットワーク間の通信を担当し、IPパケットのIPアドレスで通信相手を識別します。

ここでもう一度、イーサネットフレームとIPパケットの構造を見ておきましょう。

《イーサネットフレームとIPパケットの構造》

図を見るとわかるように、スイッチングハブでは、IPアドレスを確認してほか
のネットワークに送るというネットワーク層の処理を行うことができません。こ
の機能を備えた機器がルーターです。

　ルーターは、以下に示すように複数のポートを持つので、イーサネット用だ
けでなくWANに接続するポートとしても使えます。ネットワーク（セグメント）
の出入り口に設置され、LAN接続にもWAN接続にも対応することができます。

《Ciscoルータ ISR1100シリーズ》

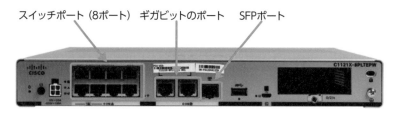

　ネットワーク層で動作するルーターとデータリンク層で動作するスイッチン
グハブの接続およびIPアドレスの関係を以下の図で説明します。

　同一セグメント内の場合、データリンク層の通信なのでスイッチングハブが担
当し、IPアドレスは使いません（図❶）。一方、異なるネットワーク間の場合、ネッ
トワーク層の通信なのでルーターが担当し、IPアドレスが必要になります（図❷）。
そのため、ルーターのポートにはIPアドレスを割り当てる必要があります（図❸）。

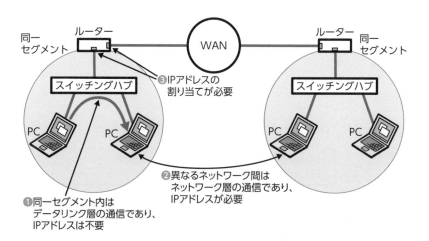

ルーターの機能

ルーターは異なるネットワーク間を接続するための機器です。そのために、次のような機能を提供します。

●ルーティング

IPアドレスの情報を基に宛先ネットワークへの適切な経路を選択する、ルーターの主要な機能です。

●ブロードキャストドメインの分割

ブロードキャストが送信される範囲をブロードキャストドメインといいました。ルーターはブロードキャストパケットを転送しないため、ブロードキャストドメインは、ルーターごとに分割されます。ブロードキャストが広範囲に届くとネットワークのパフォーマンスが悪くなるので、ブロードキャストドメインは適切な大きさに分割する必要があります。

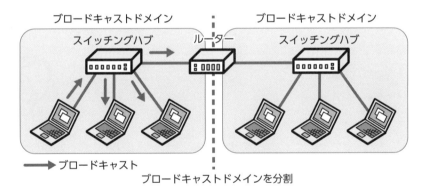

●アドレス変換

NATやNAPTといったグローバルIPアドレスとプライベートIPアドレスの変換機能を提供します。

●パケットのフィルタリング

受信したパケットを、IPアドレスなどの情報を基に通過させたり破棄したりする機能です。

2 ルーティング

ルーティングとは

ルーティング（routing）とは、宛先のIPアドレスにパケットを届けるために、最適な経路を探す経路制御のことです。パケットは、多くのネットワークを経由して宛先に届けられるので、高速な通信のためには適切な経路選択が欠かせません。

身近なルーティング（経路制御）の例に、交通手段の選択があります。たとえば、東京から大阪のUSJに行く場合、飛行機という経路のほかに、新幹線という経路もあります。どちらを選ぶかのポイントはなんでしょうか。

「飛行機が好き」といった理由もあるかもしれませんけど、一般的には「費用」と「所要時間」だと思います。

そうだね。では、ネットワークのルーティングの場合はどうなるかな？

ネットワークでは高速な通信が要求されるため、通信相手まで最も効率の良い（時間や距離が短い）経路を選択してルーティング処理をします。

直接接続されているネットワークへのルーティング

ルーターはそれぞれ、宛先への経路情報を管理する**ルーティングテーブル**を持っています。ルーターはパケットを受け取ると、ルーティングテーブルを参照し、宛先のIPアドレスにパケットを送付するための経路を決定します。

具体的なネットワークの例で説明しましょう。次のネットワーク構成図を見てください。

《ルーティングの仕組み》

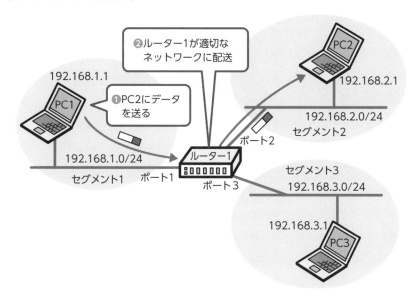

192.168.1.0/24、192.168.2.0/24、192.168.3.0/24のネットワークが、ルーター1に接続されています。ここで、PC1（IPアドレス：192.168.1.1）が、異なるネットワークのPC2（IPアドレス：192.168.2.1）にデータを送信する（図❶）場合を考えてみます。

PC1がパケットをルーター1へ送信すると、ルーター1はルーティングテーブルに、パケットの宛先IPアドレス（192.168.2.1）と一致する経路があるかを確認します。

《ルーター1のルーティングテーブル》

ネットワークアドレス	プレフィックス長	ポート	ネクストホップ
192.168.1.0	24	1	直接接続
192.168.2.0	24	2	直接接続
192.168.3.0	24	3	直接接続

このルーティングテーブルの2行目は、「ネットワークアドレスが『192.168.2.0』で、プレフィックス長が『24』（192.168.2.0/24）というネットワークは、ポート『2』に『直接接続』されている」ことを意味しています。この例の宛先IPアドレスである192.168.2.1は192.168.2.0/24に所属するので、ルーター1はルーティングテーブルを参照した結果、ポート2からパケットを送出します（前ページの図❷）。

ルーティングテーブルの構築

ルーティングのための経路情報はルーティングテーブルで管理されています。このようなルーティングテーブルは、どのように作られるのでしょうか。

ルーターは直接接続されているネットワークを知っているので、ルーターが自ら作成するのでしょうか。

そのとおり。このルーティングテーブルは自動で作成されるんだ。

あらかじめポートにIPアドレスとサブネットマスクを設定したルーターを起動すると、各ポートに直接接続されているネットワークのネットワークアドレスとサブネットマスクが自動的に判断され、ルーティングテーブルに登録されます。

直接接続されていないネットワークへのルーティング

では次のように、ルーターに直接接続されていないネットワークがある場合はどうでしょうか。

PC1（IPアドレス：192.168.1.1）が、192.168.4.0/24に所属するPC4（IPアドレス：192.168.4.1）にデータを送信する（図❶）場合で考えてみましょう。

PC1がパケットをルーター1へ送信すると、ルーター1はパケットの宛先IPアドレス（192.168.4.1）に一致する行がルーティングテーブルにあるか確認し

《ネットワークの構成例》

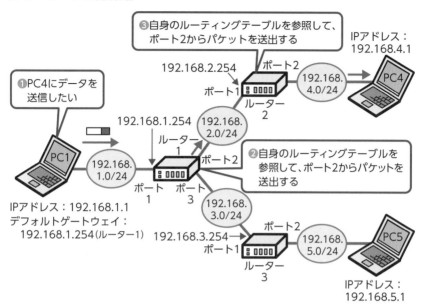

❸自身のルーティングテーブルを参照して、
ポート2からパケットを送出する

IPアドレス：
192.168.4.1

ポート2
192.168.2.254
ポート1
ルーター
2
192.168.
4.0/24
PC4

❶PC4にデータを
送信したい

192.168.1.254
192.168.
2.0/24
ルーター
1

PC1

❷自身のルーティングテーブルを
参照して、ポート2からパケットを
送出する

192.168.
1.0/24

ポート2

ポート
1
ポート
3

IPアドレス：192.168.1.1
デフォルトゲートウェイ：
192.168.1.254（ルーター1）

192.168.
3.0/24

192.168.3.254
ポート1
ルーター
3

ポート2
192.168.
5.0/24
PC5

IPアドレス：
192.168.5.1

ます（179ページの《ルーター1のルーティングテーブル》を参照）。

　192.168.4.1に一致する行はありません。192.168.4.0/24や192.168.5.0/
24のネットワークは、ルーター1に直接接続されていないため、ルーター1はルー
ター2やルーター3の先の経路情報を知り得ません。このような場合、管理者が
手動でルーティングテーブルに経路情報を追加する必要があります。この例では、
管理者はルーター1のルーティングテーブルに、「192.168.4.0/24へはポート
2からパケットを転送する。その際のネクストホップは192.168.2.254である」
という情報を設定します。ネクストホップとは、次の転送先となるルーター（の
ポートのIPアドレス）のことです。

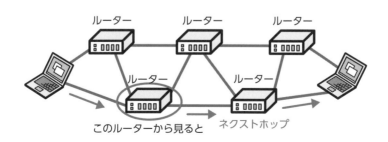

ルーター　　　ルーター　　　ルーター

ルーター　　　ルーター

このルーターから見ると　　　ネクストホップ

4
章

ルーティングの設定

181

続いて192.168.5.0/24への経路も設定しておきましょう。どのようになるか、図を見ながら考えてみてください。

ルーター1のルーティングテーブルは、次のようになります。下2行が管理者が手動で追加した経路情報です。

《更新されたルーター1のルーティングテーブル》

ネットワークアドレス	プレフィックス長	ポート	ネクストホップ
192.168.1.0	24	1	直接接続
192.168.2.0	24	2	直接接続
192.168.3.0	24	3	直接接続
192.168.4.0	24	2	192.168.2.254
192.168.5.0	24	3	192.168.3.254

ルーター1はこのルーティングテーブルを参照して、192.168.4.1宛のパケットをポート2から送出します（図❷）。

これで、パケットはルーター2まで届けられました。

ルーター2でも、同様のルーティングテーブルを作成します。

《ルーター2のルーティングテーブル（抜粋）》

ネットワークアドレス	プレフィックス長	ポート	ネクストホップ
192.168.4.0	24	2	直接接続

ルーター2はパケットの宛先IPアドレス（192.168.4.1）を確認し、ルーティングテーブルを参照して、ポート2からパケットを送出します（図❸）。

こうして、パケットは無事PC4に届けられました。

デフォルトゲートウェイ

パケットがルーター1から宛先のPC4に届けられるまでの経路が確認できたところで、PC1がどのようにルーター1へパケットを届けるのかも見ておきましょう。

実は、PCにもルーティングテーブルがあります。外部ネットワーク宛てのパ

ケットはルーターを経由して送信されるので、PCのルーティングテーブルには、外部ネットワーク宛てのパケットの送付先として同じセグメントにあるルーターのIPアドレスが登録されます。PCから外部ネットワークに送信されるパケットは、このルーティングテーブルで指定されたルーターに送られます。このように、PCが標準的な設定（デフォルト）で外部ネットワークへパケットを転送するときに出入り口（ゲートウェイ）となるルーターを**デフォルトゲートウェイ**といいます。

　先ほどのネットワークの構成例では、デフォルトゲートウェイとしてルーター1のIPアドレス（192.168.1.254）が設定されます。

　PCにIPアドレスを設定した、127ページのダイアログボックスをもう一度見てみましょう。このダイアログボックスで、デフォルトゲートウェイも設定することができましたね。「IPアドレスを自動的に取得する」をオンにした場合は、デフォルトゲートウェイも自動的に設定されます。「次のIPアドレスを使う」をオンにした場合は、「デフォルトゲートウェイ」欄に手動でIPアドレスを入力します。

《IPアドレスとデフォルトゲートウェイを設定するダイアログボックス》

以前覚えた「ゲートウェイ」という言葉の意味とは違っているような気がします。

ゲートウェイはもともと「2つの領域を結ぶ出入り口」という意味なんだ。以前覚えたゲートウェイとは別物なんだけど、もともとの意味を知っていれば、外部ネットワークへの出入り口になるルーターをデフォルトゲートウェイと呼ぶのは理解できるよね。

スタティックルーティングとダイナミックルーティング

　前出の例では、ルーティングテーブルへの経路情報の登録を、管理者が手動で行いました。このように、管理者自身が管理しているルーティングテーブルを用いてルーティングを行う方法はスタティックルーティングといいます。ルーティングには、経路情報をほかのルーターから教えてもらう、ダイナミックルーティングという方法もあります。2つのルーティングの違いについて説明しましょう。

●スタティックルーティング

　スタティックルーティング（静的ルーティング）では、管理者が経路情報をルーティングテーブルに手動で設定します。このように設定された経路をスタティックルートといいます。スタティック（static）とは、「静的な」、つまり「変動がなく固定的」という意味です。スタティックルートは自動的に変化することがないため、設定された経路上でLANケーブルの切断や機器の障害などが発生した場合、管理者が設定を変更するまで障害は解消されません。また、経路が増えてくると経路情報が膨大になり、ルーティングテーブルを管理している管理者の負担も大きくなります。スタティックルーティングは、経路情報が数個だけのような単純構成のネットワークで用いられるのが一般的です。

●ダイナミックルーティング

　ダイナミックルーティング（動的ルーティング）は、ルーター同士で経路情報を交換し、自動的にルーティングテーブルに経路情報を登録します。このように設定された経路をダイナミックルートといいます。ダイナミック（dynamic）とは、「動的な」、つまり「変動がある」という意味です。

　前出の例では、管理者が手動で192.168.4.0/24や192.168.5.0/24の行を設定しましたが、ダイナミックルーティングであれば、このような経路情報がルー

ターによって自動的に登録されます。

　ダイナミックルーティングでは、経路上で障害が発生した場合でも、自動的に経路が切り替わる（動的に変化する）ため、ネットワークの通信を維持する技術としても利用されます。一方、経路情報の処理をルーターが行うので、情報が増えるとルーターに負荷がかかり、処理が遅くなることがあります。これには、ネットワークを適切に分割したり、規模に応じた処理性能が高い機器を導入したりすることで対処します。

　大規模なネットワークには、ダイナミックルーティングは必須と考えてください。

●ルーティングプロトコル

　ダイナミックルーティングに使用されるプロトコルを、**ルーティングプロトコル**といいます。どのルーティングプロトコルを用いるかによって、どの経路が最適かを判断する基準が異なります。

　　　判断基準がいろいろあるのですか？

　　　そうなんだ。たとえば乗換案内のアプリは、たいてい「所要時間」「料金」「乗換回数」のどれを重視するか、選べるようになっているよね。

　ネットワークでも、何を重視してルーティングするかによって、管理者がルーティングプロトコルを選択することができます。

　主なルーティングプロトコルには、RIP（Routing Information Protocol）やOSPF（Open Shortest Path First）、BGP（Border Gateway Protocol）などがあります。皆さんに是非理解してもらいたいRIPとOSPFに関しては、4節から詳しく説明していきます。

3 traceroute

tracerouteとは

パケットの宛先が送信元と異なるネットワークだった場合、パケットは複数の
ルーターを経由して宛先まで配送されます。しかし、経路上のどこかに障害が発
生すると、送信されたパケットは宛先まで届かないことがあります。

traceroute は、3章9節で説明したICMPを使って、指定した宛先までパケット
を配送するのにどのルーターを経由するかを調べることができるコマンドです。
宛先に対してtracerouteを実行すると、経路上に存在し、正常に動作している
ルーターからは応答が返ってくる（逆に、正常に動作していないルーターからは、
応答が返ってこない）ため、tracerouteは、ネットワークに障害が発生した際に、
トラブルの原因の切り分けなどにも利用されます。

たとえば、次のネットワーク構成図のような例で考えてみましょう。

《ネットワークの構成例》

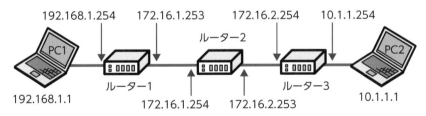

PC1（192.168.1.1）からPC2（10.1.1.1）にpingコマンドを実行した場合、
どのルーターを経由してPC2に到達したかはわかりません。では、traceroute
コマンドではどうでしょうか。実際にやってみましょう。

Windowsの場合、tracerouteに相当するコマンドとしてtracertが用意され
ています[※2]。「tracert」に続けて、経路を調べたい目的の機器のIPアドレスを入

※2　経路情報を調べるコマンドを一般にtraceroute（route：経路をtrace：追跡する）と呼びますが、
　　これはUnixなどのOSで使用されるコマンドです。Windowsでは、同等の機能を実行するために、
　　「tracert」と入力します。

力します。

《「tracert」の結果》

```
c:¥>tracert 10.1.1.1  ← 「tracert 10.1.1.1」と入力して Enter キーを押す

10.1.1.1 へのルートをトレースしています。経由するホップ数は最大 30 です:

    1    <1 ms     1 ms     1 ms    192.168.1.254   ←ルーター1からの応答
    2     1 ms     1 ms     1 ms    172.16.1.254    ←ルーター2からの応答
    3     1 ms     1 ms     1 ms    172.16.2.254    ←ルーター3からの応答
    4     1 ms     1 ms     1 ms    10.1.1.1        ←PC2からの応答

トレースを完了しました。
```

　このように、パケットがPC2に届くまでの途中にあるルーターのIPアドレスがすべて表示されました。

　また、ルーター3に異常が発生し、パケットがルーター2までしか届かなかった場合、tracertの実行結果は次のようになります。

《経路の途中までしかパケットが到達しない場合の「tracert」の結果》

```
c:¥>tracert 10.1.1.1  ← 「tracert 10.1.1.1」と入力して Enter キーを押す

10.1.1.1 へのルートをトレースしています。経由するホップ数は最大 30 です:

    1    <1 ms     1 ms     1 ms    192.168.1.254   ←ルーター1からの応答
    2     1 ms     1 ms     1 ms    172.16.1.254    ←ルーター2からの応答
    3      *         *         *    要求がタイムアウトしました。  ←ルーター2の
    4      *         *         *    要求がタイムアウトしました。     ネクストホッ
                                                                 プからは応答
                                                                 がないことを
                     (省略)                                      知らせている
```

　そのため、tracertは、ネットワークに障害が発生したときなどに、どこまでパケットが届いたかを判断でき、原因究明に活用できるのです。

どうしてICMPの仕組みでこのような情報がわかるのでしょうか。

順を追って説明するね。

186ページの図の例で、PC1からPC2へtracerouteを実行した場合で考えます。

①PC1では、ICMPパケットのTTL（Time To Live：生存時間）を1に設定して、ICMPのEcho Request（エコー要求）を送信します。TTLはルーターを通過するごとに1ずつ減っていきます。

②ICMPのパケットが、ルーター1（192.168.1.254）に届きます。ここでパケットのTTLが1から0になり破棄されます。

③ルーター1は、破棄されたことを通知するために、ICMPのタイプ11の時間超過メッセージ（Time Exceeded）をPC1に返します。

④PC1は時間超過メッセージが返ってきた送信元IPアドレスを見て、最初のルーターはルーター1（192.168.1.254）であることがわかります。

⑤次に、PC1はTTLを2に設定し、同じ処理をします。同様に、時間超過メッセージが返ってきた送信元IPアドレスを見て、次のルーターはルーター2（172.16.1.254）であることがわかります。

これを、PC2から応答があるまで続けます。こうすることで、仮にPC2に対して実行したpingがエラーになった（要求がタイムアウトしたり、宛先ホストに到達できなかったりした場合など）としても、経路の途中にあるどのルーターまでは到達できるのかを確認することができるのです。

4 RIP

RIPの仕組み

　ここからは、ダイナミックルーティングについて、もう少し詳しく見ていきましょう。

　RIP (Routing Information Protocol) は、最も基本的なダイナミックルーティングのプロトコルです。「距離 (ディスタンス)」を基準に、どの「方向 (ベクトル、ベクター)」の経路が最適かを判断するため、距離ベクトル(ディスタンスベクターといったりもします) 型のルーティングプロトコルといわれます。

　距離は、宛先ネットワークに到達するまでに経由するルーターの数で表します。これをホップ数といいます。方向は、「どちらに向かってパケットを送出するか」という意味で、ネクストホップで表します。

　ネクストホップが方向なんですか？

　そうなんだ。
　距離ベクトル型の考え方を簡単な例で説明しよう。

　距離ベクトル型のダイナミックルーティングでは、「目的地までに経由するルーターの数 (ホップ数)が少ない経路が良い経路」というシンプルな基準で経路を選択します。皆さんも、自然にそういう経路を選んでいるのではないでしょうか。

　たとえば、山手線には外回り (時計回り) と内回り (反時計回り) の2つの経路があります。

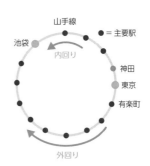

東京から池袋に向かうときには、経由する駅の数が少なく、早く到着する内回りを選択しますね。内回りでは、東京の次の駅は神田なので、ネクストホップは神田になり、神田方向に向かう電車に乗ります。つまり、駅の数（距離）を基準に方向（ネクストホップ）を決める、距離ベクトル型の考え方に沿って経路を決めているわけです。

　具体的なネットワークの例で考えてみましょう。次の図を見てください。

《RIPでのネットワーク構成例》

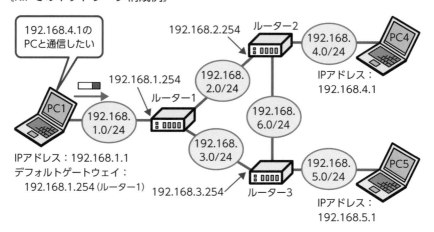

　ここで、PC1（IPアドレス：192.168. 1.1）が、192.168.4.0/24のネットワークにあるPC4と通信をするとき、パケットはどの経路を通るでしょうか。

　直感的にわかりますね。PC1→ルーター1→ルーター2→PC4（下図の**経路1**）です。PC1→ルーター1→ルーター3→ルーター2→PC4（下図の**経路2**）ではなく**経路1**が選ばれるのは、経由するルーターの数が少ないからです。

　RIPでは、このように、経由するルーターの数を基準に経路（方向）を選択します。

《経由するルーターの数が少ない経路（方向）が選ばれる》

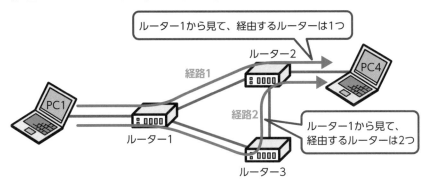

ルーター1から見て、経由するルーターは1つ

経路1

ルーター2

PC4

PC1

ルーター1

経路2

ルーター1から見て、
経由するルーターは2つ

ルーター3

RIPの限界

RIPは、大規模で高速なルーティングには適さないため、現在はほとんど使われていません。というのも、RIPには次のような問題点があるからです。

●経路変更に時間がかかる

RIPは、ルーター間で定期的（30秒ごと）に経路情報を交換します。ネットワークに障害が発生した場合、長ければ30秒間、その障害の情報はどこにも伝えられずに放置されることになります。

RIPの場合、経路交換にかかる時間はこれだけではありません。定期的な情報交換が開始されるまでに最大で30秒の待機時間があり、実際に経路情報が変更されるには、さらに3分ほど時間がかかってしまうのです。ネットワーク上のすべてのルーターの経路情報が更新されることを収束（コンバージェンス）といい、RIPの場合は最大で5分ほどかかることもあります。

機器が故障したらすぐに切り替わってほしいです。
3分から5分は長いですね。

そんなに長くネットワークが止まったら、たしかに困るよね。

●大規模ネットワークに適さない

RIPにおけるホップ数（経由するルーターの数）の最大値は15と決められています。16以上のルーターを経由すると到達不能と判断され、パケットは廃棄されます。15という上限を設定しているのは、ループ（パケットがネットワークの同じ箇所を回り続ける現象）が発生した場合などに、パケットが無限に転送され続けるのを防ぐためです。しかし、現在の大規模なネットワークでは、この上限が通信の妨げになってしまいます。

●ネットワークの回線速度を考慮できない

RIPはホップ数だけで経路を判断するので、経路上の回線が64kbpsの低速回線か、1Gbpsの高速回線かといった情報は保持していません。ネットワークの回線速度を考慮することができないので、RIPが最適と判断した経路が実際には効率の悪い経路である可能性があります。

RIP2

RIPを部分的に改良したものがRIP2（RIP version 2）です。RIP2では、RIPに次のような改良が加えられました。

・RIPではブロードキャストで行われていた経路交換が、RIP2ではマルチキャストに改良されたため、経路交換時の無駄なトラフィックが削減
・VLSM（可変長サブネットマスク、121ページを参照）に対応
・経路交換にパスワードを使用する認証機能が追加

しかし、上述したRIPが抱える問題点は解決されませんでした。これを解決したのが、次に紹介するOSPFというルーティングプロトコルです。

5　OSPF

OSPFの概要

　RIPの欠点を解消し、現在、広く使われているのが**OSPF**（Open Shortest Path First）です。RIPは距離ベクトル型であったのに対し、OSPFはリンクステート型のルーティングプロトコルです。

　リンクステートというのは馴染みのない言葉だと思いますが、リンク（link：接続）のステート（state：状態）を管理するとイメージすればわかりやすいと思います。

　OSPFでは、RIPが抱えていた大きな問題点を、次のように解決しています。これらがOSPFの特徴といえます。

・経路情報を高速に変更できる

　OSPFは、経路情報に変更があると、その変更情報をすぐにほかのルーターに伝えます。また、RIPと違ってすべての経路情報ではなく差分情報だけを交換するので、経路情報を高速に変更できます。

・大規模ネットワークに適する

　OSPFでは、ルーティングにホップ数の制約がありません。また、エリアの概念が導入されることにより、ルーターに高い負荷をかけることなく、大規模なネットワークでのルーティングが実現されます。

・回線速度を考慮した経路変更が行われる

　OSPFでは最適経路の判断にコストを用いることで、回線速度を考慮した経路選択が行われます。

　エリア、コストについては、次項以降で詳しく説明します。
　また、OSPFは、RIP2と同じ、以下の特徴も持っています。

4章

ルーティングの設定

・マルチキャストを使って経路交換

・VLSM（可変長サブネットマスク）に対応

RIP1、RIP2とOSPFの違いを以下の表に整理します。

《RIP1、RIP2とOSPFの違い》

項目	RIP1	RIP2	OSPF
アルゴリズム	距離ベクトル型		リンクステート型
最適経路を判断する仕組み	ホップ数		コスト
VLSMへの対応	×	○	
経路交換の方法	ブロードキャスト	マルチキャスト	
経路変更時の収束時間	長い		短い

エリア

　ネットワークの規模が大きくなると、経路情報が複雑で大容量になります。そのためルーターにかかる負荷が増え、転送速度や障害時の切り替わり時間が遅くなるなどの問題が発生します。OSPFでは、大規模なネットワークを**エリア**（area: 領域）と呼ばれる単位に分割することで、ルーターにかかる負荷を軽減することができます。

> エリアに分割すると、なぜルーターの負荷が軽減されるのですか？

> 各ルーターはエリア内のリンクの情報だけを保持して、エリア外に関しては、簡易な情報しか持たないからなんだ。

　エリア外のルーターとのやり取りは、エリアの境界に設置されたルーターに任せることで、それぞれのルーターが効率的に稼働できるようにしているのです。

《OSPFのイメージ》

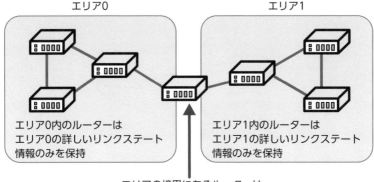

エリア0

エリア1

エリア0内のルーターは
エリア0の詳しいリンクステート
情報のみを保持

エリア1内のルーターは
エリア1の詳しいリンクステート
情報のみを保持

エリアの境界にあるルーターは
エリア0、エリア1両方のリンクステート情報を保持し、
エリア間ルーティングを行う

コスト

OSPFでは、**コスト**（cost）を基準に最適な経路を判断します。コストは、回線速度に反比例した式で計算される値です。回線速度が速いほうが小さい値になるため、コストの値が小さい経路が最適経路に選択されます。

たとえば、Ciscoルータの場合、10Mbpsの回線のコストは10で、100Mbpsや1Gbpsの回線のコストは1に設定されています。そのためOSPFでは、10Mbpsの回線（コスト10）と100Mbpsの回線（コスト1）がある場合、コストが小さい100Mbpsの回線が経路に選択されます。

次の図の例を見てください。ルーター1からルーター2への経路は2つです。ルーター1とルーター2が直接接続されている経路は、間にルーターがないものの、低速な10Mbps回線で接続されています。一方、もう1つの経路は、ルーター1とルーター2の間にルーター3が介在しており、経由するルーターが1つ増えますが、高速な100Mbpsの回線で接続されています。このような構成の場合、RIPは経由するルーターの数が少ない上図の経路を通ります。しかし、OSPFでは、コストが小さい下図の経路を通るのです。

《RIPとOSPFの比較》

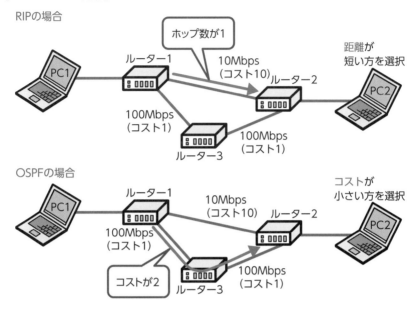

コストの値は管理者が手動で設定することもできるため、回線速度を考慮した柔軟なネットワークを設計することができます。

6 経路集約とデフォルトルート

経路集約とは

　ネットワークが大きくなると、ルーターが保持する経路情報は増えていきます。保持する経路情報が多くなると、それに伴ってルーターにかかる負荷は増大し、結果的に通信速度が遅くなったり、経路の切り替わりに時間がかかったりするようになります。そうした問題を解消するために、経路をまとめる**経路集約**を利用することがあります。経路集約をすると、経路情報が減り、ルーターにかかる負荷を軽減することができます。

　以下のネットワーク構成図を見てください。本社と大阪支店、名古屋支店がルーター3〜5を介して接続されています。

《ネットワーク構成図》

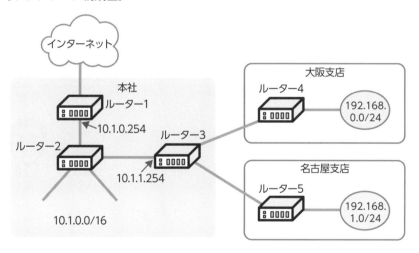

　ここで、本社のルーター2のルーティングテーブル（関連する部分のみ）は以下のようになります。

宛先ネットワーク	ネクストホップ	備考
192.168.0.0/24	10.1.1.254 (ルーター3)	大阪支店への経路。宛先IPアドレスの範囲は 192.168.0.0 〜 192.168.0.255
192.168.1.0/24	10.1.1.254 (ルーター3)	名古屋支店への経路。宛先IPアドレスの範囲 は192.168.1.0 〜 192.168.1.255
0.0.0.0/0	10.1.0.254 (ルーター1)	デフォルトルート (後で解説します)

1行目が大阪支店（192.168.0.0/24）への経路で、2行目が名古屋支店（192.168.1.0/24）への経路です。どちらもネクストホップは10.1.1.254（ルーター3）です。

2つの経路は、以下の1つの経路にまとめることができます。

宛先ネットワーク	ネクストホップ	備考
192.168.0.0/23	10.1.1.254	2支店への経路。宛先IPアドレスの範囲は 192.168.0.0 〜 192.168.1.255

192.168.0.0/24 と 192.168.1.0/24 を併せて、
192.168.0.0/23 としているのですね。

そう。サブネットの計算が少し複雑だけど、どちらも同じIPアドレスの範囲を表しているよ。

復習を兼ねて、1行目と2行目のネットワークを2進数で表してみましょう。それぞれ、ネットワークの最初のIPアドレスと最後のIPアドレスを2進数で表記しました。

ネットワーク	上：最初のIPアドレス 下：最後のIPアドレス	2進数
192.168.0.0/24	192.168.0.0	11000000 10101000 00000000 00000000
	192.168.0.255	11000000 10101000 00000000 11111111
192.168.1.0/24	192.168.1.0	11000000 10101000 00000001 00000000
	192.168.1.255	11000000 10101000 00000001 11111111

これを見るとわかるように、23ビット目までが共通です。よって、この2つのネットワークは、192.168.0.0/23と置き換えることができます。

デフォルトルートとは

パケットの宛先が、192.168.0.0/24か192.168.1.0/24のネットワークであれば、ルーター2は、ルーティングテーブルを参照して、ルーター3（10.1.1.254）にパケットを転送すればよいと判断することができます。しかし、パケットの宛先がルーティングテーブルに記載されていないネットワークだった場合、ルーターはそのパケットをどのように処理すればよいでしょうか。

このようなケースに備え、ルーターにはデフォルトルートを設定しておくのが一般的です。**デフォルトルート**は、デフォルト（標準的な設定）でパケットを転送する経路（route：ルート）を指し、パケットの宛先がルーティングテーブルに記載されていない場合に、無条件でそのパケットを託す相手（ルーター）を指定します。この相手先となる機器（デフォルトルートでネクストホップに指定されている機器）のことを、特にデフォルトゲートウェイと呼びます。

デフォルトルートは必ず必要なのですか？

いや、なくてもいい。でも、ルーティングテーブルの行数が少なくなり、ルーターの負荷を軽減できるから、設定することがほとんどだ。

先ほどのネットワーク構成図とルーティングテーブルを見てみましょう。ルーター2のルーティングテーブルには、3行目にデフォルトルートの記載があります。デフォルトルートの表し方は、宛先ネットワークを0.0.0.0と表現します（サブネットマスクは0.0.0.0、またはプレフィックス表記の場合は/0とします）。

IPアドレスは、いろいろな値をとりますが、それらをすべてルーティングテーブルに記載することは大変ですし、行数も長くなって管理が複雑になります。ルーターの負荷も高くなって、処理が遅くなります。

そこで、パケットを頻繁にやり取りする特定の宛先ネットワーク（たとえば、自社の支店や営業所、工場などのネットワーク）だけをルーティングテーブルに記載しておき、それ以外のすべてのネットワークに対する経路をデフォルトルートとして記載しておけば、ルーティングテーブルの行数は少なくなり、ルーターの処理が高速になります。

最長一致法

経路集約をした先ほどのルーティングテーブルをもう一度見てみましょう。

宛先ネットワーク	ネクストホップ	備考
192.168.0.0/23	10.1.1.254（ルーター3）	2支店への経路
0.0.0.0/0	10.1.0.254（ルーター1）	デフォルトルート

192.168.1.1への経路は、1行目の192.168.0.0/23だけでなく、2行目の0.0.0.0/0（デフォルトルート）にも一致しますよね。この場合、どちらの経路を採用するのですか？

よく気づいたね。この場合は、192.168.0.0/23が優先されるんだ。

経路情報に合致するものが複数ある場合、合致しているネットワーク部の長さが長い方を選択します。これを最長一致法（longest-match：ロンゲストマッチ）

といいます。マッチ（match：一致）している部分がロンゲスト（longest：最も長い）な経路が採用されるという意味です。

　わかりやすいように、福岡支店と横浜工場を追加した以下のネットワーク構成図で考えましょう。横浜工場は通信量が多いので、ルーター3ではなく、新規に設置するルーター7から接続しています。

《福岡支店と横浜工場を追加したネットワーク構成図》

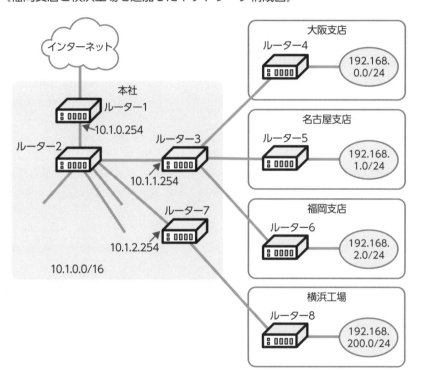

　支店向けの経路は、192.168.0.0/16で経路集約すると、ルーター2のルーティングテーブルは以下になります。

宛先ネットワーク	ネクストホップ	備考
192.168.0.0/16	10.1.1.254（ルーター3）	支店への経路
192.168.200.0/24	10.1.2.254（ルーター7）	横浜工場への経路
0.0.0.0/0	10.1.0.254（ルーター1）	デフォルトルート

ここで、横浜工場にあるPC（192.168.200.150）宛てのパケットを考えます。このパケットは上記のルーティングテーブルの1行目と2行目、3行目のいずれにも合致します。この場合、転送先ルーターはどれになるでしょうか。それぞれのIPアドレスを以下のように2進数にすると、どれだけ合致しているかがわかりやすくなります。

10 進数	2 進数	合致する長さ
192.168.200.150	11000000 10101000 11001000 10010110	―
192.168.0.0/16	11000000 10101000 00000000 00000000	16 ビット
192.168.200.0/24	11000000 10101000 11001000 00000000	24 ビット
0.0.0.0/0	00000000 00000000 00000000 00000000	0 ビット

▓▓▓：合致する長さ

この例では、192.168.0.0/16が16ビット、192.168.200.0/24は24ビット、0.0.0.0/0は0ビット合致します。したがって、合致する長さが最も長い192.168.200.0/24の経路が採用され、ルーター7にパケットが転送されます。

7　ルーターとレイヤー3スイッチ

レイヤー2スイッチとレイヤー3スイッチの比較

　スイッチには、レイヤー2スイッチ（L2SW）と、レイヤー3スイッチ（L3SW）があります。

　レイヤー2スイッチは、2章5節で解説したスイッチングハブのことです。データリンク層（レイヤー2）で動作し、主にセグメント内の機器間の通信を担当します。

　それに対して**レイヤー3スイッチ**は、データリンク層に加えてネットワーク層（レイヤー3）でも動作します。レイヤー2スイッチに、ネットワーク層で処理されるルーティング機能が付加されたものと考えることができます。

　以下は、ネットワーク機器市場で圧倒的なシェアを持つシスコのレイヤー3スイッチであるCatalyst 9300シリーズの写真です。75ページと176ページにある2つの写真と見比べるとわかりますが、レイヤー2スイッチと同様に、レイヤー3スイッチはルーターよりも多くのポートを持っています。

《シスコのCatalyst 9300シリーズ》

　レイヤー2スイッチはルーティング処理ができません。そのため、次の図のようにVLAN10とVLAN20が存在する場合、同じスイッチングハブに接続されていてもVLAN間でパケットを転送することはできません。通信をするには、レイヤー3スイッチやルーターなどを経由する必要があります。

《レイヤー2スイッチとレイヤー3スイッチの違い》

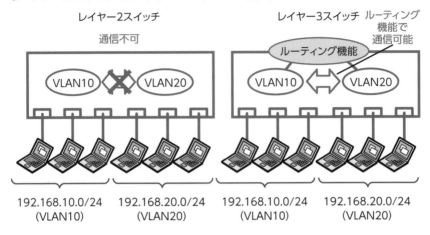

レイヤー2スイッチ 通信不可 レイヤー3スイッチ ルーティング機能で通信可能

ルーティング機能

VLAN10 ✕ VLAN20 VLAN10 ⟷ VLAN20

192.168.10.0/24 (VLAN10)　192.168.20.0/24 (VLAN20)　192.168.10.0/24 (VLAN10)　192.168.20.0/24 (VLAN20)

レイヤー3スイッチとルーターの比較

では、レイヤー3スイッチとルーターは同じように使えるのですか？

それぞれ得意分野が違うんだ。

　レイヤー3スイッチとルーターを比較すると、それぞれの特徴は次のようになります。

・設置場所

　レイヤー3スイッチはLANで使われることが多く、LANで必要な機能が充実しているのに対して、ルーターは主にWANとの接続点に使われています。

・ポート数

　スイッチングハブは機器を相互接続するハブが高機能化したものなので、それにルーティング機能が付加されたレイヤー3スイッチは、ルーターと比べてポート数が多いという特徴を持っています。具体的には、ルーターが通常数ポートしか備えていないのに対して、レイヤー3スイッチは24ポートや48ポートも備えた製品があります。

・ルーティングプロトコル

　レイヤー3スイッチはルーティング機能がメインではないため、スタティックルーティング以外では、主にRIPをサポートしているのが一般的です。そのため、たとえば、シスコのCatalystスイッチでOSPFなどのルーティングプロトコルを使う場合は、別途ソフトウェアが必要になります。一方、ルーターは、ルーティングを行うために開発された専用機器であるため、RIPやOSPFだけでなく、BGPやその他のルーティングプロトコルなど、多彩なプロトコルをサポートすることが多くなっています。

・レイヤー2スイッチの機能

　ルーティングプロトコルのサポート状況とは対照的に、VLANなどのレイヤー2スイッチの機能に関しては、レイヤー3スイッチが充実しているのに対して、ルーターはあまり充実していません。

・インターネットへの接続機能[※3]

　レイヤー3スイッチはインターネットへの接続機能を持っていないことがほとんどですが、ルーターはこの機能を持っています。

　ただし、ここまで説明してきたことはあくまで一般的な比較であり、製品によって機能が異なることをご理解ください。

※3　PPPoE（インターネットに接続する際によく用いられていたPPPと呼ばれるプロトコルをイーサネット上で利用できるようにしたプロトコル）機能など。

LANにおけるスイッチおよびルーターの構成

　では、企業のLANでスイッチやルーターがどのように使用されているか、具体的な構成を見てみましょう。

　大規模なLANでは、スイッチングハブを複数台設置するだけでなく、階層を分けて多段構成で設置します。中心にすえるコアスイッチ（基幹スイッチ）、各フロアをまとめるフロアスイッチ、各島（机）に設置するエッジスイッチ（島ハブ）の3階層構成が一般的です。

　次の図は複数のフロアにまたがった、PCが100台を超えるような規模のネットワークの構成例です。

《LANにおけるスイッチとルーターの構成例》

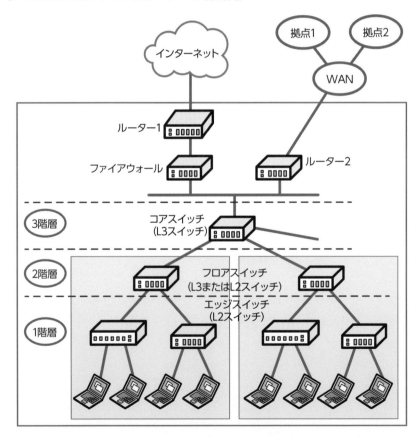

一番下の層から見ていきましょう。

スイッチングハブの1階層目である**エッジスイッチ**（アクセススイッチとも呼ばれます）は、機器と直接接続するスイッチです。接続する機器の数だけポートが必要です。8ポート、12ポート、24ポート、48ポートなどのレイヤー2スイッチを、接続する機器の数に応じて配置します。

スイッチングハブの2階層目である**フロアスイッチ**（ディストリビューションスイッチと呼ばれることもあります）は、フロア単位などのある程度まとまった単位で設置されるレイヤー3スイッチです（レイヤー2スイッチを使用することもあります）。目的は、各フロアのエッジスイッチを束ね、コアスイッチに接続することです。フロアスイッチを置くことで、ネットワークのセグメントを適切に分割したり、配線を少なくしたりすることができます。

スイッチングハブの3階層目である**コアスイッチ**は、企業内のLANの中心となるスイッチです。最も重要なスイッチなので、大型のスイッチングハブが設置されます。また、コアスイッチが故障すると、企業のネットワークがまったく機能しなくなってしまいます。コアスイッチを2台以上設置して、故障に備えることもよくあります。

インターネットに接続する部分には、ルーターやルーターの機能を備えたファイアウォールを設置します。ファイアウォールについては7章3節で解説します。

拠点間を接続する部分（WANとの接続）にはルーターを設置します（レイヤー3スイッチを使用することもあります）。

社内のネットワークの構成法についてひととおり説明してきたけど、これでネットワーク構成図を描けるようになったかな？

はい、お任せください！

8 WANのサービス

WANのサービスの種類

　ルーターは、異なるネットワーク間を接続する機器なので、WANとLANの接続にも用いられます。WANは、企業の複数の拠点や、企業と取引先などを接続したネットワークです。しかし、ただルーターを設置すればWANに接続できるというわけではありません。ここでは、WANを構築するためのサービスに目を向けてみましょう。

東京、名古屋、大阪に拠点を持つ企業が、WAN によるネットワークを作るにはどうしたらいいと思う？

自分で拠点間に光ケーブルを敷設することはできませんよね。

うん、現実的に無理だね。だから、NTT などの通信事業者が提供する WAN のサービスを利用するんだ。

　WANサービスには、物理層レベルのサービスである専用線、データリンク層レベルのサービスである広域イーサネット、ネットワーク層レベルのサービスであるIP-VPNがあります。

　順番に説明していきましょう。

専用線

　専用線は、その名のとおり、通信事業者と契約した企業が専用で利用できる回線で、物理層のWANサービスです。その企業専用の回線を敷設し、拠点間を1対1で接続します。ケーブルで物理的に接続するので、主に近距離の接続に利用されます。専用線の通信には独自のプロトコルを利用することができます。

　接続するには、契約者側の機器を専用線に接続するための回線終端装置が必要です。回線終端装置には、DSU（Digital Service Unit：メタル回線を接続する装置）やONU（Optical Network Unit：光回線を接続する装置）などがあります。

《専用線》

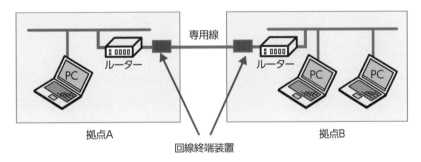

専用線
ルーター
ルーター
PC
PC
PC
拠点A
回線終端装置
拠点B

　専用線の契約回線数は年々減少しています。その理由のひとつは、高額な使用料です。専用線は、企業が回線を占有するため、どうしても料金が高くなります。また、複数の拠点と接続する場合には、多くの専用線が必要になるため、さらに料金がかさみます。

　このようなデメリットを解消したのが、2000年頃に登場した広域イーサネットやIP-VPNサービスです。次の図にあるように、必要な回線が少なくて済むため、拠点数が増えれば増えるほど、メリットが大きくなります。

《WANの種類による契約数の違い》

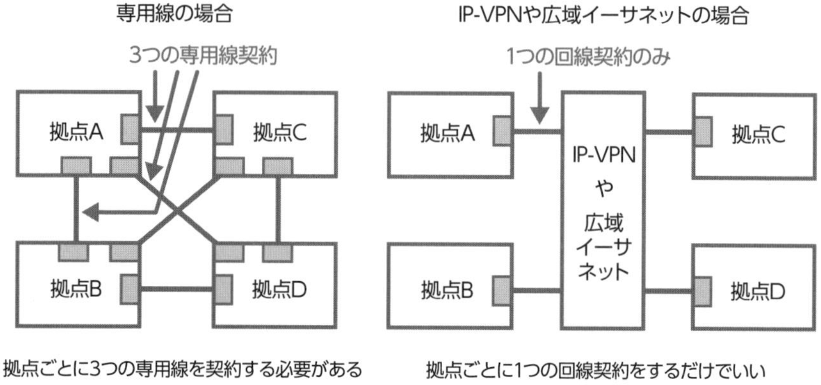

専用線の場合

3つの専用線契約

拠点A   拠点C

拠点B   拠点D

拠点ごとに3つの専用線を契約する必要がある

IP-VPNや広域イーサネットの場合

1つの回線契約のみ

拠点A   IP-VPN や 広域 イーサ ネット   拠点C

拠点B   拠点D

拠点ごとに1つの回線契約をするだけでいい

広域イーサネット

　データリンク層のWANサービスである**広域イーサネット**は、複数の拠点（LAN）を接続するネットワークサービスで、主に、近距離の接続に利用されます。広域イーサネットでは、NTTなどの通信事業者の設備を介することで、通常は拠点内で構成されるLAN（イーサネット）を複数の拠点にまたがる大きなLANのように利用することができます。

　次の図を見てください。中央の広域イーサネット網が、通信事業者のネットワーク内の大きなスイッチングハブのような役割を果たします。各拠点は、その大きなスイッチングハブにケーブルで接続します。スイッチングハブなので、ブロードキャストパケットは転送され、VLANの設定もできます。プロトコルはIPに限定されず、メーカー独自のプロトコルを利用することもできます（現在は独自プロトコルを使うことはほとんどありません）。

《広域イーサネットの構成》

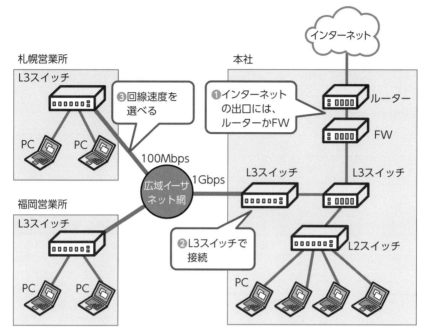

FW：ファイアウォール

　拠点からインターネットへの出口にはルーターかファイアウォールを設置するのが一般的です（図❶）。しかし、広域イーサネットに接続する場合は、LANの延長と考えることができるので、必ずしもルーターやファイアウォールを置く必要はありません。上図のように、レイヤー3スイッチ（レイヤー2スイッチでも可）で接続するのが一般的です（図❷）。

　各拠点では、100Mbps、1Gbpsなど、自由な回線速度を契約することができます（図❸）。本社は1Gbpsで、大規模拠点は100Mbps、小規模拠点は10Mbpsなどと、拠点ごとに異なる回線速度を契約することも可能です。

IP-VPN

　広域イーサネットではデータリンク層レベルでの接続を可能にしましたが、**IP-VPN**（IP-Virtual Private Network）では、拠点間の接続にルーターを設置し、ネットワーク層レベルでの接続を可能にします。広域イーサネットは、比較的狭

いエリアでしか使えませんが、IP-VPNであれば、海外拠点も含めて広いエリアにまたがってサービスを利用できます。IP-VPNサービスは、名前にIPとついていることからわかるように、対応プロトコルがIP限定です。この点は、専用線や広域イーサネットとは異なります。

　ここまでに紹介したWANサービスの違いを、次の表に簡単にまとめます。

《WANサービス》

	専用線	広域イーサネット	IP-VPN
レイヤー	物理層 （レイヤー 1）	データリンク層 （レイヤー 2）	ネットワーク層 （レイヤー 3）
料金	非常に高価	専用線に比べて安価（とはいえ、インターネット接続の料金に比べると高価）	
プロトコル	IP 以外も可能	IP 以外も可能	IP のみ
ブロードキャスト パケットの通過	可能	可能	不可
利用シーン	主に近距離で 2 拠点を接続	主に近距離で複数の拠点を接続	主に遠距離で複数の拠点を接続
WAN に接続する 機器	回線終端装置	主にスイッチ（レイヤー 2、レイヤー 3）	主にルーター
2018 年度末の 回線数／契約数[*]	29.7 万回線	61.9 万契約	61.7 万契約

[*]総務省『令和2年版 情報通信白書』より
　https://www.soumu.go.jp/johotsusintokei/whitepaper/ja/r02/pdf/index.html

解決 » 戻りのパケットのルーティング

さて、トラブルの原因は何だったのだろうか？

「基本的な知識解説はこれぐらいにして、このトラブルを解決しよう」

そう言って服部は、成子とともに、誰もいない営業部に再び向かった。

「もう一度 ping コマンドで疎通確認をしますね」

先ほどはダメだったが、時間を空けたことで、今度はつながるかもしれない。

成子はそう願いながら、営業部の PC から開発部の PC に ping コマンドを実行した。

「ダメです。やはりタイムアウトです」

（なんで言うことを聞いてくれないの？）と、成子はムッとした表情を浮かべる。

「じゃあ、traceroute コマンドを実行してみよう。これで、パケットがどこまで到達しているかがわかる」

以下が、traceroute コマンドの結果である。

```
C:¥>tracert 172.16.12.101    ←開発部のPCへtraceroute

172.16.12.101へのルートをトレースしています。経由するホップ数は最大30です：

 1   <1 ms   <1 ms   <1 ms   10.1.101.254
 2   <1 ms   <1 ms   <1 ms   10.1.1.254
 3   <1 ms   <1 ms   <1 ms   10.2.3.253
 4     *       *       *     要求がタイムアウトしました。
 5     *       *       *     要求がタイムアウトしました。
 6     *       *       *     要求がタイムアウトしました。
     ・・・・・・
```

それを見て、成子に聞こえるように服部が独り言を言った。

「なるほど、今回設定した相手側、つまり開発部の新設ルーターまでは通信できている」

「じゃあ、営業部側のルーティングは成功しているんですね」

「ああ、そうだ。通信相手のPCまでパケットが届いているはずだ」

「そうなんですか？　じゃあ何が間違っているんですか？」

「郵便で考えてみよう。AさんからBさんに手紙を送った。BさんがAさんに返事を書く。ここで、BさんがAさんの住所を書き間違えてポストに投函したら、どうなる？」

「Aさんには届きません」

「そう、それと同じ理屈だ。今回は、パケットを受け取った開発部のPC側の問題だ。開発部側の設定に問題があり、営業部のPCに応答パケットが届かなかったんだ」

「開発部側にどんな問題があるのですか？」

「営業部のPCから開発部のPCにはパケットが届いているので、データリンク層までは問題がない。ネットワーク層、つまり開発部側のルーティングが間違っているということだ」

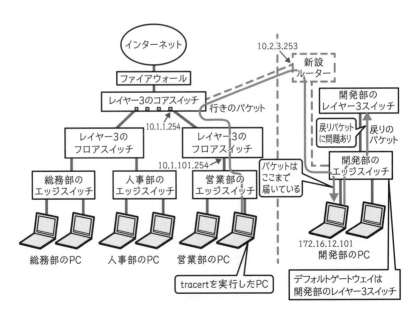

「ということは、開発部の PC に、営業部などの経路情報を書いてあげればいいのですね」

「まあ、それも方法のひとつだね。でも、PC に経路情報を書くのはあまり一般的ではない。既存の開発部のレイヤー 3 スイッチに、追加の経路情報を書いておこう」

服部は、開発部の人と相談して、開発部のレイヤー 3 スイッチに設定を行った。

「さあ、これで試してごらん」

成子は通信テストを開始する。

「あー、つながりました」

成子は喜びよりも、少し残念な表情だ。

（私ってまだまだ未熟……）

「トラブル発生時には、今回の ping コマンドや traceroute コマンドなど、いくつかのコマンドを駆使して、原因の切り分けをするといい」

服部のアドバイスに小さく「はい」と返事をし、帰宅準備を始めた。

終電にギリギリ間に合った成子は、ネットワークの本を取り出して読み始めた。今は猛烈に勉強がしたかった。

ネットワークエンジニアが作るドキュメント

かなり昔の話ですが、ある書籍に「ドキュメントはビールの泡と同じ」というコラムを書きました。本当においしいビールは、泡がとても綺麗です。ですから、泡を見ればビールがおいしいかどうかがわかりますよね。同じように、ネットワークの仕事の品質も、ネットワークを設計・構築する際に作成する資料（以下、ドキュメント）を見ればわかると感じていたのです。私の言い分では、ネットワークの仕事がビールで、ドキュメントが泡なのです。

実際、ドキュメントだけしっかりしようとしても、できるはずがありません。きちんとした設計に基づいて、細部まで正確な情報を管理しているからこそ、安定したネットワークが構築できます。仮にドキュメントがしっかりしていなければ、体系だったネットワークは構築できないはずですし、間違いも起こりやすくなります。IPアドレスの重複などのリスクが発生する確率も高くなるでしょう。システムの切り替えはスムーズにできず、試験工程に作業の漏れも出てくると思います。

そういう観点から、ネットワークエンジニアにとって（多くの職人エンジニアは苦手かもしれませんが）、ドキュメントは大事だと思います。お客様も、きめ細やかな泡までおいしいビール、いや、正確で詳細なドキュメントを望まれているはずです。

では、ネットワークエンジニアが作成するドキュメントにはどんなものがあるでしょうか。提案書、報告書やメールなどは除き、純粋にネットワークを構築する際の技術的な観点でのドキュメントを紹介します。これらのドキュメントはすべて「設計書」とひとくくりに表現されることもあります。ですが、ここでは少し細かく分けて記載します。表記は各社で異なると思いますので、あくまでも一例と考えてください。

●基本設計書

ネットワークの構築の基本的な考え方を表すものです。ネットワーク、帯域（回線速度）、信頼性、セキュリティ対策などの考え方を記載します。ルーティングであれば、どのルーティングプロトコルを利用するのか、冗長化技術（詳しくは9章で

解説）はどの技術を使うのか、ケーブルは光ケーブルやメタルケーブルをどういう
設計思想で利用するのかなどを記載します。

●機器一覧
導入する機器の一覧です。基本設計書に含めてもいいでしょう。正式な型番や、納
入ベンダー、設置場所、管理責任者、保守契約の条件なども整理し、運用手順書の
一部として利用する場合もあります。

●ネットワーク構成図
PC、スイッチングハブ、ルーターなどの物理的な機器と、それを接続するケーブル
によって、ネットワークの構成図を記載します。ネットワーク構成図をわかりやすく
描くことは、ネットワークの設計や運用・保守をスムーズに行うことにも役立ちます。

●詳細設計書
基本設計書との線引きはあいまいですが、より詳細な設計方針を記載します。たと
えば、IP アドレス体系の設計であったり、機器の名前のつけ方のルール、ルーティ
ングのエリア設計やコストの設計など、詳細なパラメータについても記載します。
基本設計書に包含しても構いません。

●パラメータシート
たとえば、スイッチングハブのパラメータシートであれば、ポート単位に、どの
VLAN を割り当てるのか、IP アドレスは何にするかなどを記載します。このシート
を参照すれば機器に入力するコンフィグレーションファイルを作成できるように、
資料を作ります。また、IP アドレス一覧や VLAN 一覧、ラック収容図なども必要
に応じてまとめます。

●コンフィグレーションファイル

実際の機器に入力する設定を表すコンフィグレーション（configuration）をまとめたものです。機器に1行ずつ設定を入力してもいいのですが、あらかじめ設定をまとめたコンフィグレーションを作成して一気に入力する方が、構築および切り替え時間を短縮することができるからです。現場ではたいていコンフィグ（Config）と呼ばれます。

●作業計画書および作業手順書

ネットワークを構築する際やネットワークを切り替える際の作業計画および作業手順を記載した資料です。この資料には、タイムスケジュールや、切り替え手順、切り替えに失敗したときの戻し作業の手順なども含めます。特に、短時間でネットワークの切り替え作業をする必要がある際には、この手順書がとても重要になります。また、ネットワークを構築した後、設計どおりに構築できたかどうかを試験するための試験計画書や試験成績表も合わせて作成しましょう。

章

トランスポート層
と
代表的なプロトコル

ファイルの共有ができない！

「はい、情報システム部の剣持です」

この日も成子が元気な声で電話に出る。

「なるほど……新しく高輪に営業所がオープンするので、今日初めて LAN を構築したんですね。PC は 3 台ですね」

成子は電話でトラブルの状況を聞いた。

「インターネットにはつながるけど、ファイル共有ができない……わかりました」

成子は営業所のトラブルの状況を図に整理しながらメモをとった。そして、電話を切らずに受話器を置き、すぐに服部に状況を報告した。

「高輪営業所か。すぐ近くだし、直接行った方が早いな」

「わかりました」

そう言って、成子は改めて受話器を取った。

「今からすぐに向かいます」

インターネット
ルーター
スイッチングハブ
インターネット OK
OK
PC1　×NG　PC2
192.168.1.1/24　　192.168.1.2/24

「頼みます！　今日中にファイルが共有できないと、期日にオープンできなくなります」と、電話の声は悲鳴に近かった。

新しい営業所では、2 人の到着を 3 人の所員が出迎えてくれた。頼りにされるというのは、ありがたいことだ。この仕事はやりがいがあると成子は思った。

さっそく現場に案内され、成子がネットワークの状況を確認する。

ネットワーク構成は単純であり、PC からはスイッチングハブとルーターを経由してインターネットに接続している。インターネットには正常に通信でき

ている。

ところが、電話で聞いたとおり、1つ目のPC（PC1）と2つ目のPC（PC2）の間でファイル共有ができない。PC1からPC2に向けてpingを実行しても、パケットが正常に届かない。

成子は、これまでに学んだ知識を駆使して調査にあたった。だが、原因はわからない。

「IPアドレスの設定も合っているし、ケーブルも正常。どこも間違っていないハズ。なぜ？？？」

成子は困惑した。

1 トランスポート層の役割

トランスポート層が提供する機能

　ネットワーク層の機能によって、世界中のコンピューターと通信ができるようになりました。ネットワーク層の上位層であるトランスポート層は、届けられたデータがどのサービスに対応しているかを識別したり、データの信頼性を確保したりする役割を担います。

　トランスポート層の主な役割を整理しましょう。

●サービスの識別

　コンピューター上では、たいてい複数のアプリケーションが同時に動作し、通信しています。たとえば、1つのサーバー上で、Webページを公開するWebのサービス、メールを転送するメールサービス、ファイルを転送するFTPサービスなど、複数のサービスを提供している場合、いくつもの通信が行われています。このとき、受信したデータが対応するサービス（アプリケーション）に正しく振り分けられないと、適切な処理が行われません。

　この振り分けに用いられるのがポート番号です。ポート番号は上位のアプリケーション層のサービス（コンピューター上で動作しているアプリケーション）に対応する番号です。

　また、トランスポート層では、ネットワーク層やデータリンク層と同様に、上位層から送られてきたデータに、ポート番号などの情報を含んだヘッダーをつけてカプセル化し、ネットワーク層に渡します。このとき付与されるヘッダーをレイヤー4ヘッダー（L4ヘッダー）と呼び、カプセル化によってひとまとめになったデータの単位を、TCPではセグメント、UDPではデータグラムといいます。TCPとUDPについては、本章の3節以降で詳しく説明します。

　なお、本章ではこれ以降、トランスポート層のデータの単位であっても、一般的な用語にならって主にパケットという語を使用する場合があります。

《トランスポート層では、ポート番号でサービスを識別する》

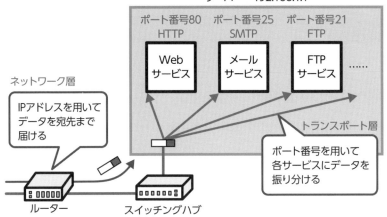

サーバー 192.168.1.1

ポート番号80　ポート番号25　ポート番号21
HTTP　　　　SMTP　　　　FTP

Web
サービス

メール
サービス

FTP
サービス　……

ネットワーク層

IPアドレスを用いて
データを宛先まで
届ける

トランスポート層

ポート番号を用いて
各サービスにデータを
振り分ける

ルーター　　　　スイッチングハブ

●通信の品質を保つ

　データを相手に送信しても、データが破損していたり、きちんと届かなかった
りしたら困りますね。そこで、トランスポート層では、TCPというプロトコルを
使うことで、正しい相手に、欠落なく、正しい順番でデータを届けるという通信
の信頼性を保証します。TCPはデータが適切な順序で届けられるように制御し、
相手にデータが届かなかったり、破損したりしている場合は再送します。

●高速な通信を提供する

　上記のように、TCPは信頼性の高い通信を提供します。しかし、信頼性を高く
すると迅速性が失われるというデメリットもあります。そこで、信頼性よりも高
速性を優先したいサービス（アプリケーション）の場合には、UDPというプロ
トコルが使用されます。

　UDPは、データの確認や再送といった時間のかかる処理を省いて、通信の高
速性を優先します。上位のアプリケーション層のサービスが信頼性と高速性のど
ちらを重視しているかによってTCPとUDPが使い分けられます。

2 ポート番号

ポート番号とは

　ポート番号は、上位のアプリケーション層のサービスに対応している番号で、これによってサーバーで動作しているどのアプリケーションに対して送られたパケットなのかを識別することができます。たとえば、Webページを表示するときに使用されるHTTPというプロトコルであれば80番、メール送信に使用されるSMTPというプロトコルであれば25番のように決められています。

　具体例で解説しましょう。Webサービスを提供するApacheというプログラムと、メールサービスを提供するPostfixというプログラムが両方動作しているサーバーがあるとします。ここで、サーバーの80番ポート宛てのパケットが届くと、Apacheが応答してWebサービスを提供します。また、25番ポート宛てのパケットが届くと、Postfixが応答し、メールサービスを提供します。

> ポート番号を自由に変えることはできないのですか？

> できるよ。でも、変えてしまうと、利用者は不便になってしまうんだ。

　たとえば、Webブラウザーで「http://www.example.co.jp」と入力すると、Webサーバーのポート番号80番に自動でアクセスします。Webサービスのポート番号は80番と決まっているため、80という値を入力する必要がないのです。もしポート番号が8000番に変更されたWebサービスにアクセスするのであれば、「http://www.example.co.jp:8000」と、ポート番号まで入力する必要があります。入力が面倒なだけでなく、Webサーバーを閲覧する世界中の人にポー

ト番号を伝えないといけません。ポート番号は、技術的に変更することはできますが、変更すると運用上の不都合があるため、Webサービスは80番、メールサービスは25番などと世界中で統一されたポート番号を使うことが一般的です。

送信元ポート番号と宛先ポート番号

トランスポート層でレイヤー4ヘッダーの一部として付加されるポート番号には、送信元ポート番号と宛先ポート番号の2つがあります。

PCがWebサーバーに接続する例で考えてみましょう。先ほど紹介したように、Webサーバーはポート番号80番でWebサービスを提供しています。一方、PC側では、サーバーと同様に1台のPC上で複数のサービスを同時に要求する場合（たとえば、Webブラウザーから2つのWebページを閲覧要求する場合など）があり、サーバーに対するサービス要求をひとつひとつ識別する必要があります。そこで、PC側でも、サービス要求ごとにポート番号が割り当てられ、これらを識別できるようにしているのです。この番号はPCが自ら自動で割り当てます。

PCがWebサーバーにWebページを閲覧要求する際に送信されるパケットの中身を見てみましょう。今回は、Webページの閲覧要求に対して、ポート番号50000が割り当てられたものとします。以下の図のようにWebサーバーが宛先になるので、宛先ポート番号は80です。また、PCが送信元になるので、送信元ポート番号は50000です。

《送信元ポート番号と宛先ポート番号》

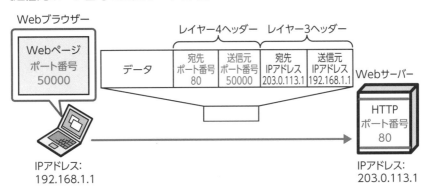

225

ポート番号の種類

ポート番号には、ウェルノウンポート、レジスタードポート、ダイナミックポート（プライベートポートともいいます）の3種類があります。

ウェルノウンポートは、あらかじめ決められていて、よく知られている（well-known）サービスのポート番号のことです。IPアドレスを管理しているIANA/ICANNという組織が登録、管理しています。

代表的なウェルノウンポートを以下の表にまとめます。「プロトコル」列に記されているのは、代表的なアプリケーション層のプロトコルで、TCPとUDPのいずれかに分類されます。

《代表的なウェルノウンポート》

ポート番号	TCP/UDP	プロトコル	説明
20、21	TCP	FTP（File Transfer Protocol）	ファイルを転送するプロトコル
22	TCP	SSH（Secure SHell）	サーバーやネットワーク機器などへリモートでログインしたり、ファイルをコピーしたりするツールおよびプロトコル
23	TCP	Telnet	サーバーやネットワーク機器にリモートでログインする際に利用されるプロトコル
25	TCP	SMTP（Simple Mail Transfer Protocol）	PCからメールサーバーへ、あるいはメールサーバー間でメールを転送するプロトコル
53	UDP/TCP	DNS（Domain Name System）	IPアドレスとドメイン名の対応を管理するプロトコル
67、68	UDP	DHCP（Dynamic Host Configuration Protocol）	IPアドレスなどのネットワーク接続に必要な情報を、DHCPサーバーから自動的に取得するためのプロトコル
80	TCP	HTTP（HyperText Transfer Protocol）	WebページやSNSなどのサービスにアクセスする際に利用するプロトコル
110	TCP	POP3（Post Office Protocol version 3）	メールサーバーのメールボックスから電子メールを取り出すときに使用するプロトコル
123	UDP	NTP（Network Time Protocol）	ネットワーク機器やサーバーなどの時刻を正確に維持するためのプロトコル

《代表的なウェルノウンポート（続き）》

ポート番号	TCP/UDP	プロトコル	説明
143	TCP	IMAP（Internet Message Access Protocol）	メールを受信するときに利用するプロトコル。POP3 より多機能
389	TCP	LDAP（Lightweight Directory Access Protocol）	認証情報の問い合わせに使用するプロトコル
443	TCP	HTTPS（HTTP over SSL/TLS）	HTTP の通信を暗号化して安全に通信を行うプロトコル
465	TCP	SMTPS	非暗号の SMTP 通信を暗号化するプロトコル
514	UDP	SYSLOG	SYSLOG サーバーにログを転送するためのプロトコル
587	TCP	サブミッションポート*	メール送信時に認証をする場合に利用するポート
993	TCP	IMAPS（IMAP over SSL/TLS ）	非暗号の IMAP 通信を暗号化するプロトコル
995	TCP	POP3S（POP3 over SSL/TLS）	非暗号の POP3 通信を暗号化するプロトコル

＊メール送信時に送信者の認証を行うプロトコルである SMTP-AUTH で使われることが一般的です。

　レジスタードポートは、「登録された（registered）ポート」という意味です。ウェルノウンポートが割り当てられたサービスほどは広く使われていないその他サービス（たとえば、データベースなど）に対して割り当てられています。ウェルノウンポートと同様に、IANA/ICANNが登録、管理しています。

　ダイナミックポートは、アプリケーションが動的（dynamic）にポート番号を割り当てるときに利用します。たとえば、Webサーバーと通信する際の宛先ポート番号は80ですが、送信元ポート番号は、Webブラウザーがダイナミックポートの値の範囲から任意の番号を割り当てます。

　ポート番号は2バイト（16ビット）で表現されるので0～2^{16}（0～65535）の範囲の値になります。また、ポート番号の種類によって、割り当てられる値の範囲が決まっています。

3種類のポート番号の範囲は、次の表のとおりです。

《ポート番号の種類》

ポート番号の種類	ポート番号の範囲	説明
ウェルノウンポート	0〜1023	IANA/ICANN が管理し、一般的に広く利用されているサービスに割り当て
レジスタードポート	1024〜49151	IANA/ICANN が管理し、その他サービスに割り当て
ダイナミックポート (プライベートポート)	49152〜65535	アプリケーションが動的に割り当てるポート番号として、利用者が自由に利用できる。ただし、特定のポート番号を特定のサービスに割り当てることはできない

　続いて、PCがWebサーバーに対して2つのWebページを閲覧要求する例を基にして、ダイナミックポートの役割を具体的に説明します。

《ダイナミックポートの役割》

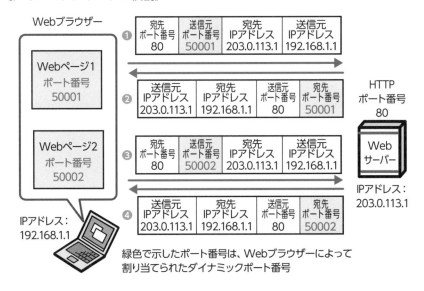

緑色で示したポート番号は、Webブラウザーによって
割り当てられたダイナミックポート番号

　まず、PC（IPアドレスは192.168.1.1）がWebサーバー（IPアドレスは203.0.113.1）に対してWebページ1の閲覧要求を送信します。この要求に対

して、Webブラウザーはダイナミックポートの値の範囲から任意のポート番号を割り当てます（図では50001）。送信元はPC、宛先はWebサーバーなので、送信元ポート番号は50001、宛先ポート番号は80になります（図❶）。

この要求に対する戻りパケットでは、送信元がWebサーバーに、宛先がPCになるため、送信元ポート番号と宛先ポート番号が入れ替わり、それぞれ80、50001になります（図❷）。

次に、PCがWebページ2の閲覧要求を送信すると、宛先ポート番号は同じ80ですが、送信元ポート番号には、Webブラウザーが、ダイナミックポートの値の範囲から先ほどと異なるポート番号（図では50002）を割り当てます（図❸）。

送信元ポート番号がどちらも同じではダメですか？

ダメだ。2つの Web ページに異なるポート番号を割り当てるのはちゃんとした理由があるんだ。

ポート番号が同じだと、Webブラウザーが2つのWebページのデータを受信したとき、どのデータがどのWebページに対応しているのか、識別できなくなります。そのため、WebブラウザーはWebページごとに異なるポート番号を割り当てておき、複数のWebページのデータが届いても、それぞれ適切なページが表示されるようにしているのです。

この要求に対する戻りパケットでは、先ほどと同様に送信元ポート番号と宛先ポート番号が入れ替わり、それぞれ80、50002になります（図❹）

3 TCP

TCPとは

　TCPはTransmission Control Protocolという名前のとおり、伝送（transmission）を制御（control）するプロトコルです。たとえば、通信に矛盾がないかを確かめたり、送信経路で乱れてしまったパケットの順番をきちんと並べ替えたり、必要に応じて再送したりします。

　TCPを利用するアプリケーション層のプロトコルには、HTTP、SMTP、POP3、SSH、FTP、Telnetなどがあります。

　TCPは次のような仕組みで、通信の信頼性を確保しています。

・ACK（確認応答）：受信側が、パケットを受け取ったことを送信側に通知
・シーケンス番号：データに番号を振ることでパケットの順序を制御
・3ウェイハンドシェイク：受信側と通信経路を確立してから通信を開始

　では、これらの仕組みを順に説明します。

ACK（確認応答）

　TCPには、受信側がパケットを受け取ったことを送信側に知らせる、ACK（確認応答）と呼ばれる仕組みがあります。ACKは「ACKnowledgement（確認応答）」という英語の意味どおり、通信を受け取ったことを通知するパケットです。

　送信側は、ACKを受け取ることで、パケットが相手に届いたことを確認できます。ACKが返ってこなかった場合は、届いていないと判断してパケットを再送します。

毎回 ACK を返すのですか？
けっこう手間がかかるんですね。

信頼性を確保するために毎回返すのが基本なんだけど、効率化の
ために工夫もされているんだ。

PCからサーバーへデータを送信したときのやり取りの様子を示したのが、次の図です。左側ではACKを受け取ったことを確認してから次のデータを送信しているため、ACKを待つ時間によって通信が遅延します。図の右側では、送信側はACKの受信を待たずに次のデータを送信し、受信側はある程度まとまった量のデータを受け取ってからACKを返すことで、通信の効率化が図られています。まとめて受信できるデータの量をウィンドウサイズといい、TCPヘッダーの「ウィンドウサイズ」フィールドで決められています（237ページを参照）。また、このように通信を制御することをウィンドウ制御といいます。

《ACKとウィンドウ制御》

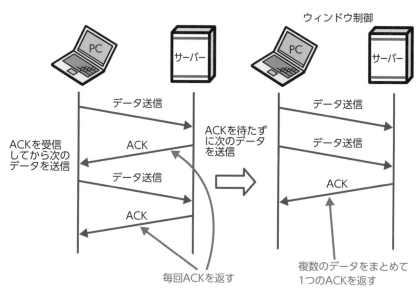

シーケンス番号

シーケンス番号とは、TCPのパケットにつけられた通し番号です。

パケットの最大サイズは1,500バイトに制限されているので、大きなデータは分割されて送信されます。ネットワークでは、通信の遅延などによりパケットが到着する順番が前後することがあります。シーケンス番号を割り振ることで、到着したパケットを正しい順序に並べ直すことができます。この機能を順序制御といいます。また、欠落したパケットがないかを確認し、必要に応じて再送することもできます。この機能を再送制御といいます。

シーケンス番号は、1、2、3と1つずつ増やした番号が割り振られるのではありません。前のパケットのデータ部分の長さを加えた数字が割り振られます。よって、シーケンス番号1のデータ（たとえば、長さ1,460バイトの場合）の次のパケットは1461、その次のパケットは2921になります。

《パケットのシーケンス番号、長さ》

シーケンス番号	パケットの長さ（バイト）
1	1,460
1461	1,460
2921	1,460

3ウェイハンドシェイク

TCPでは、通信を開始する前に3ウェイハンドシェイクという方式で通信相手とのコネクション（通信の経路）を確立します。

●コネクション確立時の TCP の処理

3ウェイハンドシェイクでは、送信側と受信側でSYN、SYN+ACK、ACKの3つのパケットを順にやり取りします。

SYNはSYNchronize（同期する）を意味し、通信相手と通信を同期しながら確立するためのパケットです。

以下は、PCからサーバーに接続（たとえば、PCでWebサーバーにあるWeb

ページを閲覧）する際に必ず行われる3ウェイハンドシェイクの流れです。

《3ウェイハンドシェイクの流れ》

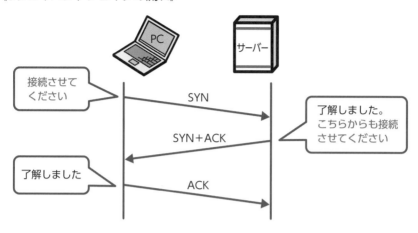

TCPは、このようにコネクションを確立してから通信を始めるので、コネクション型のプロトコルともいわれます。

何のために3回もやり取りをするのですか？

不正な通信を排除するためなんだ。

　このやり取りによって、IPアドレスを偽装するなどの不正な通信を排除することができます。たとえば、送信元のIPアドレスが偽装されていれば、SYN+ACKのパケットは偽装した相手に届かず、そのIPアドレスを持つ本来のPCに送られます。つまり、送信者が不正な相手だと、SYN+ACKのパケットが届かないため、通信が開始されないのです。3ウェイハンドシェイクは、通信の信頼性を確保するための重要な仕組みです。

●コネクション終了時の TCP の処理

TCPでは、コネクション終了時には、次のように4回のやり取りが行われます。

《TCPのコネクション終了時の流れ》

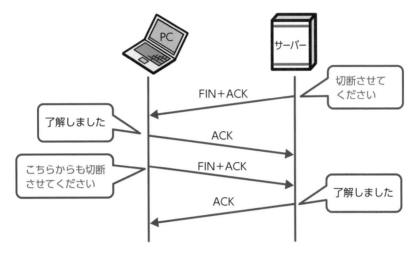

順に見ていきましょう。

サーバーでは、送信すべきデータを送り終わると、PCに対してコネクションを終了していいかという確認のパケット（FIN＋ACK）を送ります。PCでは、通信を受け取ったことを通知するACKを送ります。次に、PCからもサーバーに対してコネクションを終了するパケット（FIN＋ACK）を送ります。サーバーからの確認応答（ACK）が届き、コネクションが終了します。

終了処理にはFINとRSTの2種類があります。

- ・FIN（FINish）：正常な終了処理です。上記のように3ウェイハンドシェイクの手順を踏んで終了します。
- ・RST（ReSeT）：強制的な終了処理です。このときは3ウェイハンドシェイク処理を行わず、RSTを受信したPCは、その段階でコネクション情報を破棄します。

TCPヘッダーの構成

　ここでは、これまでのデータリンク層のイーサネットヘッダーや、ネットワーク層のIPヘッダーと同様に、トランスポート層のTCPヘッダーの構成について解説します。

その前に復習。データリンク層のイーサネットフレームとネットワーク層のパケットの構造は書けるかな？

はい、バッチリです。

では、データリンク層のイーサネットフレームからネットワーク層のパケットになり、トランスポート層ではセグメントになる様子を紹介しよう。

　以下は、ヘッダーの代表的な項目に限定して記載したものです。

《レイヤー2ヘッダー～レイヤー4ヘッダーの主要フィールド》

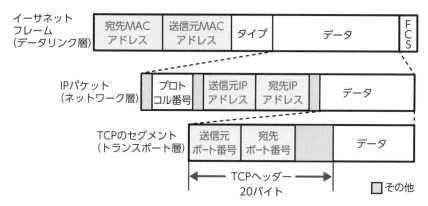

TCPヘッダーの詳細を説明します。IPヘッダーのときと同様に、スペースの関係で、32ビット（4バイト）で区切り、改行して記載します。

《TCPヘッダーの構造》

0	8	16	24	32
❶送信元ポート番号		❷宛先ポート番号		
❸シーケンス番号				
❹確認応答番号				
❺ヘッダー長	❻予約 / ❼フラグ	❽ウィンドウサイズ		
❾チェックサム		❿緊急(Urgent)ポインタ		
⓫オプション（可変長）		⓬パディング（可変長）		

各フィールドの詳細は次のとおりです。

❶送信元ポート番号（16ビット）

送信元のポート番号です。主にPC側で動的に割り当てられます。

❷宛先ポート番号（16ビット）

宛先のポート番号です。通信相手がWebサーバーの場合は、通常、80になります。

❸シーケンス番号（32ビット）

パケットの順番を制御する番号です。

❹確認応答番号（32ビット）

確認応答として、どのデータまでを受け取ったかを示す番号です。次に受信するパケットのシーケンス番号と同じになります。

❺ヘッダー長（4ビット）

TCPヘッダーの長さを4バイトの何倍かで示します。通常は5が入り、TCPのヘッダー長は5×4バイト＝20バイトになります。

⑥予約（6ビット）

将来の拡張のために予約されているフィールドです。

⑦フラグ（6ビット）

6ビットで、順にACK、SYNなどのフラグのオンとオフを設定します。制御ビット、コントロールフラグなどと表現される場合もあります。

⑧ウィンドウサイズ（16ビット）

ウィンドウサイズをバイト単位で指定します。

⑨チェックサム（16ビット）

TCPヘッダーが途中で欠落していないかなど、TCPヘッダーの正確性を確認するための検査用データが入ります。

⑩緊急（Urgent）ポインタ（16ビット）

URGフラグがONの場合、ここに緊急データの場所を指定できます。

⑪オプション（可変長）

TCPによる通信性能を向上させる項目が入りますが、必須ではなく、存在しない場合もあります。たとえば、IPパケットの最大データサイズであるMSS（Maximum Segment Size）を指定するときなどに利用します。

⑫パディング（可変長）

オプションがある場合、ヘッダー長が4バイトの整数倍になるように詰め物として0が挿入されます。

トランスポート層と代表的なプロトコル

4　パケットキャプチャー

パケットキャプチャーとは

　パケットキャプチャー（packet capture）とは、ネットワーク上を流れるパケットを「捕まえる（capture）」ことです。キャプチャーしたパケットを解析することで、ネットワークのトラフィックの傾向を分析したり、トラブルの解決に活用したりすることができます。

　パケットキャプチャーによって目に見えないパケットの流れを視覚化し、実感することは、ネットワークの基礎を学習する際にも役立ちます。この節では、キャプチャー方法の一例を説明しますので、是非実践してみてください。

　パケットキャプチャーという言葉を使っていますが、実際にはデータリンク層のフレームの情報やトランスポート層のセグメント、データグラムの情報も取得できます。ここでは、これらとパケットを同義として、パケットという言葉を使って説明していきます。

パケットキャプチャーに必要なもの

　ネットワーク上のパケットをキャプチャーするには、PCと専用のソフトウェアが必要です。

・パケットキャプチャー用のPC

　ネットワークに接続できれば、普通のPCで十分です。

・パケットキャプチャー用のソフトウェア

　パケットをキャプチャーするためのソフトウェアです。ここでは、無料で使える代表的なキャプチャーソフトであるWiresharkを例に、キャプチャーの手順を紹介します。

キャプチャーの手順

次のURLを参照し、Wiresharkのダウンロードとインストールを実行してください。準備が整ったら、さっそくパケットのキャプチャーを行ってみましょう。

https://www.wireshark.org/

①Wiresharkを起動します。起動すると、次のようなウィンドウが表示されます。

②NICを設定します。ウィンドウ上部の「キャプチャオプション」アイコン（①のウィンドウの ◉ ）をクリックし、表示される「Wireshark キャプチャインターフェース」ダイアログボックスで「すべてのインターフェースにおいてプロミスキャスモードを有効化します」にチェックが入っていることを確認します。

プロミスキャス（promiscuous）とは、「無差別の」という意味で、宛先が自分以外のパケットも取得することができるモードです。

トランスポート層と代表的なプロトコル

③上記のダイアログボックスからパケットを取得したいインターフェイスを選択し、「開始」ボタンをクリックすると、パケットキャプチャーのウィンドウになります。

　以下のネットワーク構成を例に、実際にパケットをキャプチャーする手順を紹介します。

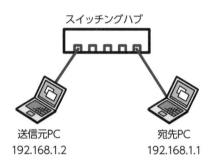

スイッチングハブ

送信元PC　　　　　　　宛先PC
192.168.1.2　　　　　192.168.1.1

　ここで、2章2節と同じ要領でコマンドプロンプトを起動し、192.168.1.1のIPアドレスにpingコマンドを実行してみましょう。すると、次の画面のように192.168.1.1へpingが送信された様子が表示されます。
　「Source」列に表示された文字列は送信元IPアドレス、「Destination」列に表示された文字列は宛先IPアドレス、「Protocol」列に表示された文字列はプロトコルで、今回は「ICMP」になっています。パケットの生データは、16進数で表示されます。

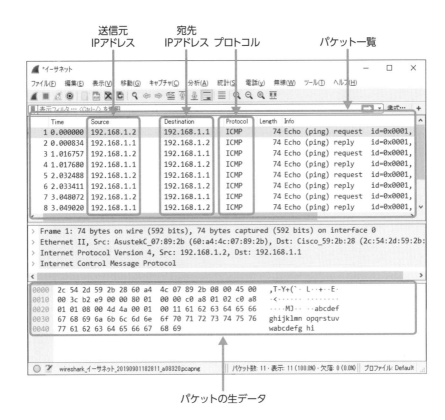

送信元 IPアドレス　宛先 IPアドレス　プロトコル　パケット一覧

パケットの生データ

　通信相手との通信が正常に行えない場合、その原因を探るためにパケットキャプチャーをすることがよくあります。

プロミスキャスモードを有効化すれば、他人同士の通信もキャプチャーできるのですね？

いや、そうでもないんだ。

　ほとんどの場合、プロミスキャスモードを有効化しただけでは自分以外のPC宛てのパケットをキャプチャーすることはできません。現在のネットワーク環境

では、PCは一般的にスイッチングハブに接続されているため、そもそも、ほかのPC宛てのパケットが転送されてくることがないためです。トラブル対応などのために他人同士の通信をキャプチャーする場合には、ミラーリングという設定が必要になります。興味ある人は、以下の【参考】を参照してください。

参考 スイッチングハブのミラーポートの設定

自分以外のPC宛てのパケットをキャプチャーするにはスイッチングハブにミラーリング（ポートミラーリングということもあります）という設定をします。こうすることで、同じスイッチングハブに接続されたPCからパケットをキャプチャーすることができます。
下図の例では、スイッチングハブのキャプチャー用のPCが接続されたポート2で、サーバーが接続されたポート1を流れるパケットを取得できるように設定します。このようにミラーリングを設定したポート（この例ではポート2）をミラーポートといいます。

《ミラーリングによるパケットキャプチャーの構成例》

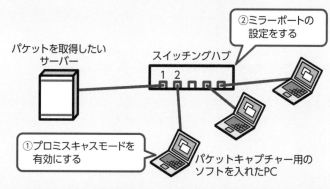

TCPコネクション確立／切断時のパケット

今度は、TCPコネクション確立時の実際のパケットをWiresharkで見てみましょう。以下は、PC（192.168.1.1）がWebサーバー（203.0.113.1）にアクセス

し、index.htmファイルを開こうとしたときのパケットの様子です。

《3ウェイハンドシェイクの様子》

Source	Destination	Protocol	Length	Info
192.168.1.1	203.0.113.1	TCP	66 49172 → 80 [SYN] Seq=0 Win=65535 Len=0 MSS=1460 WS=
203.0.113.1	192.168.1.1	TCP	66 80 → 49172 [SYN, ACK] Seq=0 Ack=1 Win=8192 Len=0 MS
192.168.1.1	203.0.113.1	TCP	5 49172 → 80 [ACK] Seq=1 Ack=1 Win=262144 Len=0
192.168.1.1	203.0.113.1	HTTP	398 GET /index.htm HTTP/1.1
203.0.113.1	192.168.1.1	HTTP	258 HTTP/1.1 304 Not Modified

一番上のパケットはPC（192.168.1.1）からWebサーバー（203.0.113.1）に対してSYN（図❶）が、2つ目のパケットはWebサーバーからPCに対してSYNとACK（図❷）が、3つ目はPCからWebサーバーに対してACK（図❸）が流れている様子を示しています。

　そして、3ウェイハンドシェイクの終了後、4つ目では実際にWebサーバーにindex.htmというコンテンツを取得する（GET）依頼をしています（図❹）。

　TCPコネクション切断時のパケットを、開始時と同様にWiresharkでキャプチャーした様子は次のとおりです。

《コネクション切断処理の様子》

Source	Destination	Protocol	Length	Info
203.0.113.1	192.168.1.1	TCP	60 80 → 55297 [FIN, ACK] Seq=9954 Ack=265 Win=65536 Len=0
192.168.1.1	203.0.113.1	TCP	54 55297 → 80 [ACK] Seq=26 Ack=9955 Win=260864 Len=0
192.168.1.1	203.0.113.1	TCP	54 55297 → 80 [FIN, ACK] Seq=265 Ack=9955 Win=260864 Len=0
203.0.113.1	192.168.1.1	TCP	60 80 → 55297 [ACK] Seq=99 5 Ack=266 Win=65536 Len=0

　サーバーからのデータ通信が終了すると、サーバーからFIN、ACKパケットが送られ、終了処理が行われます。

　このように、パケットをキャプチャーすることで、実際に通信しているパケットの生データを見ることができます。また、ネットワークにトラブルが発生したとき、その原因を究明するのにも役立ちます。皆さんも是非、自分で使っているPCにWiresharkをインストールして、パケットキャプチャーを体験してください。

5章

トランスポート層と代表的なプロトコル

5 UDP

UDPとは

UDP（User Datagram Protocol）は、TCPのデメリットを解消するために考案されたプロトコルです。UDPは、信頼性よりも高速性を優先します。そのため、TCPのようにデータを再送したり、パケットの順序を並び替えたりはしません。また、3ウェイハンドシェイクのような手順も踏みません。通信相手との通信経路（コネクション）を確立せずにいきなりデータを送信するので、コネクションレス型といわれます。

UDPでは、このように煩雑な手続きをせずに通信を行うため、高速な通信が可能になります。ストリーミング動画など、画像の一部が欠落していたとしても（画像が乱れることがあっても）、リアルタイム性（途中で停止したりせずに観たり聴いたりできること）が求められる通信に適しています。

 通信の目的に応じて最適なプロトコルを使うのですね。

 そうなんだ。どちらが優れているというのではなく、それぞれ長所があるんだ。

UDPを利用するアプリケーション層のプロトコルには、DHCP、NTPなどがあります。

UDPのヘッダー構成

UDPのヘッダー（下図）を見てください。UDPでは、順序制御は行われず、確認応答のACKもありません。そのため、シーケンス番号や確認応答番号が不要です。また、オプションなどもない必要最小限の項目になっていることがわかります。項目数が少ないこともあり、TCPのヘッダー長は20バイトなのに対し、UDPのヘッダー長はわずか8バイトです。

《UDPヘッダーの構造》

0	16	32
❶送信元ポート番号	❷宛先ポート番号	
❸長さ	❹チェックサム	

各フィールドの詳細は次のとおりです。

❶送信元ポート番号（16ビット）

送信元のポート番号。PC側で動的に割り当てられます。

❷宛先ポート番号（16ビット）

宛先のポート番号。通常、通信相手のサーバー上で動作しているアプリケーションごとに固有の番号が入ります。

❸長さ（16ビット）

UDPパケットの長さをバイト単位で示します。

❹チェックサム（16ビット）

UDPパケットの整合性を確認するための検査用データが入ります。

トランスポート層と代表的なプロトコル

解決 》 パケットキャプチャー

「別の PC で、PC2 とやり取りするパケットをキャプチャーしてみたら。ミラーポートの設定をすることも忘れないように」

服部がアドバイスする。

「はい、先ほど教わった方法でやればいいんですね」

そう言って成子はテキパキと操作し、PC 2 でやり取りしているパケットをキャプチャーする準備を始めた。

「はい、設定完了です！」

「じゃあ、もう一度 ping コマンドを実行してごらん」

PC1 から ping コマンドを実行した後、成子は Wireshark の画面を見た。

「あ、流れ出しました」

PC1 から送信した ping によるパケットが PC2 に送られている。

「PC2 にパケットは届いているんだね。つまり、パケットは正常に送信されているんだ」と服部が解説する。

「なるほど」

成子は、ネットワーク構成図にパケットが PC2 に届いている様子を描き込んだ。

「でも、Echo Request は送信されているけど、Echo Reply は返ってきていない」

そう言う服部のコメントをひとつひとつ図に追記する。

「さあ、原因はわかったかな？」

服部が成子に尋ねる。

「PC2 に原因があることはわかりますが……」

成子には、それ以上はわからない。

「おそらく PC のセキュリティの設定が ping を拒否しているハズだ」

その言葉に成子はハッとする。

（そんな単純なことか……）

「ping を含め、外部からの通信を拒否していることはよくある。PC のファイ

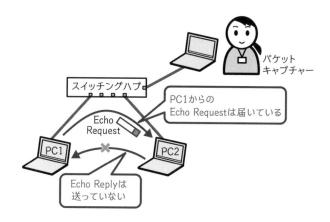

PC1からの
Echo Requestは届いている

パケット
キャプチャー

スイッチングハブ

Echo
Request

Echo Replyは
送っていない

PC1

PC2

アウォール（7章3節で解説）で拒否している場合もあれば、ウイルス対策
ソフトで拒否している場合もある」

そう言って、服部はPC2の設定を確認した。案の定、PC2のファイアウォー
ル設定が有効になっていた。その機能をオフにすると、pingに対する応答が
正常に戻ってくるようになった。パケットキャプチャーのソフトを見ると、先
ほどとは違い、PC2からの応答のパケットも送られている。そして、PC間の
ファイル共有もできるようになった。営業所の皆さんは大喜びである。

「パケットキャプチャーをすると、いろいろわかるんですね」と成子は尊敬の
念を持って服部を眺めた。

「そうだね。でも、パケットキャ
プチャーは万能なものでもな
い。たとえば、今回、PC2は
応答パケットを返さなかった。
でも、なぜ返さなかったのかま
ではわからない」

「たしかにそうですね」

「だから、パケットキャプチャー
だけでなく、これまでに紹介し
た切り分けなどのほかの手段も
活用することが大事なんだ」

あっ！
通信できてる！

ICMP 74 Echo(ping) request
ICMP 74 Echo(ping) reply…
ICMP 74 Echo(ping) request…
ICMP 74 Echo(ping) reply…

一流のエンジニアにならなくても、短期間で「デキる」エンジニアになる方法

今の時代、インターネットなどのネットワークにつながっていないシステムはほとんどありません。ですから、皆さんが生っ粋のネットワークエンジニアでなかったとしても、IT に関する業務に携わっているのであれば、ネットワークの知識は必須と言えます。

皆さんがネットワークエンジニアであれば、より深く、幅広いネットワークの知識と、ネットワークの設計・構築の経験が、なおさら必要になってくるでしょう。しかし、こうした知識や経験は、一朝一夕に身につくものではありません。それでも仕事は待ってくれませんから、業務命令であれば、知識や経験がなくても業務を遂行しなければいけません。

ここでは、「デキる」ネットワークエンジニアとして業務ができるようになるために、意識してもらいたいことを紹介します。たとえ経験が浅くても、以下を意識することで、周りから「けっこうやるじゃん」と言ってもらえると考えています。

●基本的な用語を覚える

ネットワークエンジニアとしてやっていくには、まずは ARP や ICMP、3 ウェイハンドシェイクなどの基本的な用語を覚える必要があります。わからないことをインターネットで調べたり、誰かに聞くにしても、また、ネットワークの専門ベンダーに仕事を依頼するにしても、言葉を知らなければ会話もできません。ですから、基本的な用語を覚えるためにも、ネットワークの本を一冊読破してほしいと思います（それが本書のつもりですが……）。

●ネットワーク機器に触れる

基本的な知識を書籍で身につけたとしても、実際の機器に触らないと本質的な理解はできません。これは、ネットワークの仕事に限ったことではありません。どの世界でも、仕事は経験がものをいうものです。日頃使っていない、予備機や検証機などの機器があれば、時間を見つけて操作してみましょう。実際に VLAN の設定やルー

ティング設定などを試してみると、書籍では得られなかった理解が得られることでしょう。

●ネットワーク構成図を描いてみる

あなたが携わるシステムの現状のネットワーク構成図を「自分で」描いてください。初めて描くとなると、これがとても難しい作業だとわかると思います。

ネットワーク構成図を描くときは、IP アドレス、VLAN ルーティングなどもすべて描き込みましょう。すると、なぜこのような設計になっているのか、わからないことがたくさん出てくるはずです。先輩社員にアドバイスをもらいながらでも、ひとつひとつの機器や設定を理解していきましょう。きっと、本を何冊か読むのと同じくらいの勉強になるはずです。

●検索力をつける

多くの優秀なネットワークエンジニアも、すべてを覚えているわけではありません。わからないところを、キーワードを変えながら、自分で調べていって業務を遂行しています。ネットや書籍などから得られた他人のノウハウを活用すれば、自分の経験や力量以上の仕事をすることができるようになります。

●聞き先を持つ

ネットワークに限ったことではありませんが、ネットワークに関する言葉や技術は多岐にわたります。また、製品も多種多様で、残念ながら、各社で仕様が異なっています。さまざまな事象に関して、すべて自力で対応することは不可能です。そこで、困ったときに、相談に乗ってくれる聞き先が必要です。多くの場合はネットワーク機器を納入してくれたベンダーになるでしょう。また、ネットワークに詳しい人がいれば、その人との交流を切らさないようにしましょう。

6章

アプリケーション層
と
代表的なプロトコル

DNSの切り替えがうまくいかない

「主任、営業部の坂本さんから相談がありました」

「どうした？」

「営業部が、取引先との受発注に使っているWebサーバーを新しいサーバーに入れ替えて、IPアドレスも変えるそうです。Webサーバーの構築は、データの移行も含めてITベンダーに任せるようなのですが、DNSの切り替えだけは情報システム部でやってほしいと言われました」

「DNSサーバーを保守・運用しているのは我々だからな。設定変更の作業はそれほど難しくないから、剣持さんが責任を持ってやってほしい」

「え、私がですか？　DNSサーバーの設定なんて、やったことがありません」

成子は不安そうな目で服部を見た。

「一流のネットワークエンジニアでも、最初からなんでもできたわけじゃない。初めて触れるときというのは必ずある。別にそれほど心配することはないさ」

「でも、失敗して、取引先にご迷惑をかけてしまったら……」

「そうならないように、努力すればいいんじゃない？」

「無理ですよ。だって、設定したことがないんですから……」

「知識が足らなければ、勉強すればいい。経験が足らなければ、テスト環境を構築して、実際に試してみればいい」

そう言われてしまうと、成子は反論ができない。

そんなに難しくないから！

DNSサーバの設定なんてやったことないんだけど…

そんな殺生な…

「わかりました。頑張ってみます」と、成子はしぶしぶ承諾した。

「ただ、本番環境の設定を変更する前に、必ずテスト環境で念入りに試験をするように。これは、経験の有無にかかわらず、必ずやらなきゃいけない重要なプロセスなんだ」

（そうか、事前にしっかりテストしておけば、取引先に迷惑をかけることはないのね）

成子は不安が和らいだのか、元気よく返事をした。

「了解です！」

IT ベンダーがテスト用の Web サーバーを準備してくれていたので、それを活用して DNS の切り替えを事前にテストすることにした。テスト用の新旧 Web サーバーの構成は以下のとおりである。

旧Webサーバー
（テスト用）

IPアドレス：203.0.113.219
ドメイン名：www.example.com

新Webサーバー
（テスト用）

IPアドレス：203.0.113.204
ドメイン名：www.example.com

新旧の Web サーバーは、どちらも同じ www.example.com というドメイン名を用いる。そして、DNS サーバーの設定にて、www.example.com というドメイン名に対する IP アドレスを、203.0.113.219 から 203.0.113.204 に変更する。

成子は IT ベンダーと相談し、切替テストは 1 週間後、通常業務終了後の 19 時から開始することになった。

切替テストまでの約 1 週間、成子はほかの業務のかたわら DNS について書籍で理解を深めた。また、仮想化ソフトを使って、本番環境と同じ DNS サーバーを自分の PC にインストールし、設定変更の事前準備も入念に行った。

切替テストの当日。時刻は切替開始から 1 時間以上が経過していた。

服部が成子の様子を見に来た。

「どう？　切替作業は無事に終わったかい？」

「いえ、新しい Web サーバーに接続できません……」

成子は浮かない表情を見せた。

「新しい Web サーバーはきちんと動作している？」

「はい、ping コマンドを実行して疎通確認を行い、動作していることを確認しました。でも、私の PC から www.example.com のドメイン宛てに通信しても、古い Web サーバーにつながってしまうんです」

成子は DNS サーバーの設定を何度も確認していた。しかし、設定は間違っていないように見える。

（いったい、何が問題なの？）

原因を特定できない成子は、頭を抱えるしかなかった。

アプリケーション層の役割

アプリケーション層が提供する機能

5章2節では、ポート番号とアプリケーション層のプロトコルの対応関係を紹介しました。

対応の例を覚えているかい？

はい。たとえば、ポート番号20番と21番がファイルを転送するFTPで、25番がメールを送信するSMTPです。

そのとおり。アプリケーション層のプロトコルは、ファイル転送やメールの送受信、Webページの閲覧など、剣持さんにも馴染み深いものが多いよ。

トランスポート層では、届けられたデータがどのサービスに対応しているかを識別したり、データの信頼性を確保したりする役割を担っていました。しかし、トランスポート層は、メールの送受信、Webページの閲覧など、個々のサービスを利用するための機能は提供してくれません。そこで、必要になってくるのが、レイヤーの最上位に位置づけられるアプリケーション層です。

序章で説明したとおり、セッション層（第5層）からアプリケーション層（第7層）までの3層は線引きが難しく、明確に区分できるものではありません。そのため、アプリケーション層のプロトコルには、セッション層、プレゼンテーション層の機能も含まれています。本章では、セッション層からアプリケーション層までの

3層をまとめてアプリケーション層として、それが提供する機能や代表的なプロトコルを解説します。

本節では、アプリケーション層の主な役割を整理します。

●サービスの利用に必要な機能を提供

アプリケーション層の役割は、Webページの閲覧、メールの送受信、ファイルの送信と送信元でのファイルの保存など、個々のサービスを利用するために必要な機能を提供することです。

たとえば、ファイル送信を例にして具体的に見ていきましょう。次の図に示すように、Aさんがサーバーに接続して、自身が持っているファイルを送信し、保存したいとします。

《Aさんがサーバーに接続してファイルを送信する例》

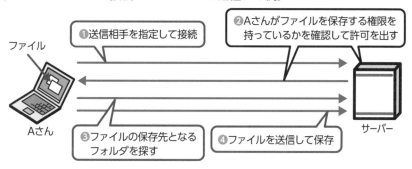

このとき、ファイルを送信するアプリケーションには、どんな機能が必要でしょうか。

機能って、単にファイルを送るだけではないのですか？

そんなことはないよ。単にファイルを送信して、サーバーにファイルを保存するだけでも、やり取りする手順は細かく分けられるんだ。

ファイルを送信するためには、まず、送信相手（サーバー）を指定して接続する必要があります（図❶）。通信が届いたら、サーバーは、自身のフォルダ内にファイルを保存する権限を、Aさんが持っているかどうかを確認しなければなりません（図❷）。この手続きを踏まないと、不正な利用者であってもサーバーに自由に接続できてしまいます。Aさんが正式な利用者であるとサーバーに認められたら、Aさんはファイルの保存先となるフォルダを探します（図❸）。そして最後に、Aさんは指定したフォルダ内に自身のファイルを送信して保存します（図❹）。このように、ファイルを送信して、サーバーにファイルを保存するというプロセスひとつをとっても、いくつかの機能が必要になり、それらをどうやって実現するのか、事前に取り決めておく必要があるのです。

　ファイル転送のFTPサービスを利用するには、ほかにもさまざまなことを事前に決めておく必要があります。たとえば、異なる機種のコンピューターでは使用する文字形式が異なる場合があり、それが異なる場合は、文字形式を変換しないと両者の「会話」が成立しません。データをどのような書式で送るのかも、決めておかなければならないでしょう。

　つまり、1つのサービスを利用するためには、実に多くの機能が必要になり、アプリケーション層はこれらを一括して提供する役割を担っています。そして、これらの機能を実現するための取り決めを事細かに規定しているのが、アプリケーション層のプロトコルです。

　アプリケーション層で提供されるサービスには、一般的に、サービスを提供する側のソフトウェア（サーバー）と提供してもらう側のソフトウェア（クライアント）がサービスごとに対になって用意されており、プロトコルで規定されている取り決めはこれらのソフトウェアに組み込まれています。たとえば、Webページの閲覧サービスの場合、WebサーバーとWebブラウザー（クライアント）が相互に通信することで実現されています。

　アプリケーション層の代表的なプロトコルには、DNSやHTTP、SMTP、POP3、IMAPがあります。次節以降で、これらのプロトコルを詳しく解説します。

DNSと名前解決

インターネットとDNS

　私たちがインターネットに接続するとき、知らず知らずのうちに利用しているのがDNSです。

　3章では、異なるネットワークと通信する際にIPアドレスによって宛先を指定していることを紹介しました。ですが、たとえばWebブラウザーでWebページを表示するときに、数字の羅列であるIPアドレスによってWebサーバーを指定しませんよね。

> たしかに、Webページを見るときは、たとえば「www.google.co.jp」と指定します。IPアドレスは使いません。

> そうだろう？　数字の羅列よりも宛先がイメージできる文字列で指定できたほうが、人間にとって理解しやすく、便利なんだ。

　しかし、実際にネットワーク上でやり取りされるパケットにはIPアドレスが必要です。そこで、Webサーバーを識別するための覚えやすい名前（ドメイン名）とIPアドレスを変換してくれる仕組みがあります。

　このようにIPアドレスとドメイン名を相互に変換する仕組みを**DNS**（Domain Name System）といいます。また、ドメイン名とIPアドレスの対応情報を管理しているサーバーを**DNSサーバー**といいます。

　本節ではDNSについて詳しく解説します。

ドメイン名

　ドメイン名（domain name）は、インターネットにおいて個人や組織を識別するための名前です。「domain」には「領地」という意味があるので、インターネット上の「住所」と考えてもらっていいでしょう。

　IPアドレスは数字の羅列ですから、我々人間が覚えるのは大変です。そこで、わかりやすい名前としてドメイン名を使用します。たとえば、Yahoo! JAPANであれば「yahoo.co.jp」というドメイン名が、トヨタ自動車であれば「toyota.jp」というドメイン名が使われています。

　ドメイン名は、Webページの閲覧に使用されるURL（次節で詳しく説明します）やメールアドレスなどに活用されます。

ドメイン名の表記

　ドメイン名の例として「yahoo.co.jp」を紹介しました。これは、企業名（ヤフー株式会社）を意味する「yahoo」と、企業(corporation)を意味する「co」と、日本（Japan）を意味する「jp」の3つが「．」で区切られて表記されています。

yahoo ． co ． jp

企業名(ヤフー)　企業の意味　日本

　ドメイン名は、次の図のように、ルート（root）と呼ばれる部分を頂点にして、地域や組織などの属性で分類される階層構造（木構造）になっています。

　ルートの直下にある最上位の階層は、トップに位置することから、**TLD**（Top-Level Domain：トップレベルドメイン）と呼ばれます。TLDは、主に国ごとに決められています。たとえば、日本（Japan）であれば「jp」、米国（United States）であれば「us」です。国以外には、主に商用（commercial）向けのドメインである「com」や、その他組織(organization)向けのドメインである「org」などもTLDに含まれます。

　TLDの下にある階層は**2LD**（2nd-Level Domain：セカンドレベルドメイン）と呼ばれます。TLDが「jp」の場合を見ると、企業(corporation)向けの「co(.jp)」

《ドメイン名の構造》

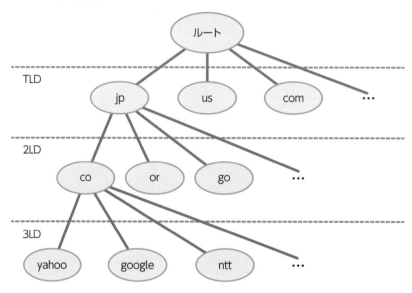

や、財団法人、社団法人などのその他組織（organization）向けの「or（.jp）」、政府機関向けの「go（.jp）」などがあります。その下の階層（3LD、4LD、…）に関しては、企業や組織および個人が、専門事業者などを通じて希望のドメイン名を申請し、許可されればそのドメイン名を使用することができます。

　主なTLDと2LDの例を次の表に示します。

《TLDと2LDの例》

TLD	用途	2LD	用途
.jp	日本（Japan）向け	co.jp	企業（corporation）向け
.us	アメリカ合衆国（United States）向け	or.jp	その他組織（organization）向け
		go.jp	政府（government）機関向け
.com	商用（commercial）向け	ne.jp	特に制限はない
.org	その他組織（organization）向け	ac.jp	主に高等教育機関や学校法人（academic）向け
.net	誰でも利用できる		

最近は、企業のホームページでも、必ずしも「co.jp」になっていないドメイン名も増えているような気がします。

そのとおり。日本の場合、かつては組織の種別を示すドメイン名を2LDにするのが一般的だったんだけど、今では組織名や製品名を2LDに使えるようになっているんだ。

企業のホームページのドメイン名は、かつては「企業名」＋「.co.jp」でしたが、最近は「企業名」＋「.jp」のものも見かけます。

そうそう。それに、企業名を直接TLDに使うこともできるようになったし、ドメイン名の自由化はどんどん広がっているね。

ホスト名とFQDN

ドメイン名に関連して、ホスト名とFQDNという言葉も覚えておきましょう。

●ホスト名

ホスト名は、個々のコンピューターにつけられた名前です。たとえば、Webサーバーにはwww（world wide webの意味）、DNSサーバーにはns（name serverの意味）、メールサーバーにはmx（mail exchangerの意味）などの名前をつけます。

具体例を紹介します。インターネットでYahoo! JAPANのトップページを見ると、Webブラウザーのアドレス入力欄には「www.yahoo.co.jp」という文字列が含まれているはずです。「yahoo.co.jp」はドメイン名ですが、「www」はドメイン名ではありません。ホスト名です。

Webサーバーのホスト名はwwwと決められているわけではなく、Webサー

バーを公開する側が任意につけることができます。たとえば、Yahoo! JAPAN
の例でいうと、Yahoo! JAPAN（www.yahoo.co.jp）のWebサーバーのホス
ト名は「www」ですが、ヤフオク！（auctions.yahoo.co.jp）のWebサーバー
のホスト名は「auctions」です。

●FQDN

　FQDN（Fully Qualified Domain Name：完全修飾ドメイン名）は、ホス
ト名とドメイン名をつなげたもののことです。たとえば、「yahoo.co.jp」とい
う1つのドメインに対して、Yahoo! JAPANが運用しているWebサーバーはい
くつもあります。なので、「yahoo.co.jp」のWebサーバーと通信しようとして
も、どのサーバーと通信すればいいかがわかりませんよね。そこで、ドメイン名
にホスト名を加えることで、ドメイン内で運用されているサーバーを1つに特定
することができます（さらにいうと、IPアドレスも1つに決まります）。たとえ
ば、「www.yahoo.co.jp」であればYahoo! JAPANのWebサーバー、「auctions.
yahoo.co.jp」であればヤフオク！のWebサーバーになります。

　これまで解説してきたドメイン名とホスト名、FQDNの関係を以下に紹介し
ます。

《ホスト名、ドメイン名、FQDNの関係》

DNSによる名前解決の仕組み

　すでに述べたとおり、DNSは、IPアドレスとドメイン名（正確にはドメイン
名およびホスト名）を相互に変換する仕組みです。その際、ドメイン名からIPア
ドレスを求めることを**名前解決**といいます。

　DNSによる名前解決の仕組みを詳しく説明しましょう。

　DNSサーバーに名前解決の問い合わせを行うクライアントのソフトウェアを
リゾルバといいます。ちなみに、リゾルブ（resolve）は「解決する」という意

味です。

　たとえば、クライアント（リゾルバ）がDNSサーバーに「www.example.comのIPアドレスは何ですか？」と問い合わせる場合（図❶）、問い合わせを受けたDNSサーバーは、自身が持っている「ドメインの情報とIPアドレスの対応」を基に、「203.0.113.123です」と答えます（図❷）。

《DNSサーバーの動作》

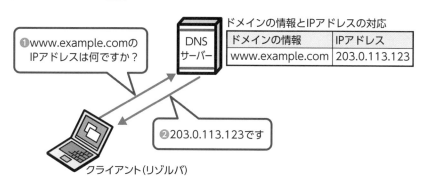

　皆さんが利用するWindowsなどのOSには、標準でリゾルバが組み込まれています。また、リゾルバは自動で名前解決をしてくれますので、利用者がこの手続きを意識する必要はありません。

コンテンツDNSサーバーとキャッシュDNSサーバー

　DNSサーバーには、コンテンツDNSサーバーとキャッシュDNSサーバーがあります。コンテンツDNSサーバーは、自身でドメイン情報（原本）を管理し、クライアントからの問い合わせに答えます。一方のキャッシュDNSサーバーは、自身ではドメイン情報（原本）を管理していません。クライアントからの問い合わせを受け付け、クライアントの代わりにコンテンツDNSサーバーに問い合わせて、その結果を返します。このとき、問い合わせた結果は、一定期間、履歴データ（キャッシュといいます）として保持します。そうすることで、再度クライアントから同じドメインに関する問い合わせが来たときに、即座に結果を返すことができます。つまり、名前解決に要する時間を短縮することができます。

　以下の図は、PCがwww.impress.co.jpのIPアドレスをDNSサーバーに問い

アプリケーション層と代表的なプロトコル

合わせ、名前解決をするまでの流れです。PCがキャッシュDNSサーバーに問い合わせを行うと（図❶）、キャッシュDNSサーバーは、自身のキャッシュに情報が保持されているかどうかを調べます。キャッシュがある場合は、それを用いてPCからの問い合わせに即座に回答します（図❷）。しかし、キャッシュがない場合、キャッシュDNSサーバーは、PCに代わってインプレスのコンテンツDNSサーバーにwww.impress.co.jpのIPアドレスを問い合わせます（図❸）。そして、コンテンツDNSサーバーから受け取った結果をPCに返します。（図❹）

《名前解決の流れ》

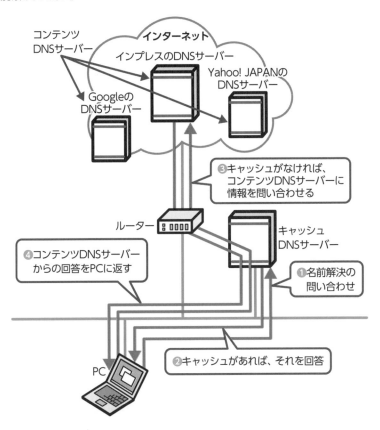

キャッシュ DNS サーバーがなくても、PC からコンテンツ DNS サーバーに直接問い合わせればいいのでは？

世界中には無数のコンテンツ DNS サーバーがあるから、個々の PC が直接コンテンツ DNS サーバーに問い合わせると、効率が悪くて、無駄なトラフィックが数多く発生してしまうんだ。それに、キャッシュ DNS サーバーに任せると PC 側の処理の負荷が軽くなるんだよ。

PC における DNS サーバーの設定

　PCのネットワーク設定を行うダイアログボックスには、DNSサーバーのIPアドレスを設定する欄があります。DHCPサーバーを使用している場合、DNSサーバーのIPアドレスも自動で取得できるため、利用者が意識することはありません。しかし、DNSは、Webやメールなど、アプリケーション層のほかのサービスを利用する際に必ず使われているサービスであり、その重要性を踏まえ、ここでは、PCでDNSサーバーのIPアドレスを手動で設定する方法を紹介します。

　この設定は、「インターネット プロトコル バージョン4 (TCP/IPv4) のプロパティ」ダイアログボックスで行います。このダイアログボックスの表示方法を忘れた方は、3章4節内の「PCのネットワーク設定」を参照してください。

　手動で設定する場合は、「次のDNSサーバーのアドレスを使う」にチェックをつけ、優先DNSサーバーと代替DNSサーバーのIPアドレスを入力します。名前解決を行う際には、まず優先DNSサーバーへの接続が試みられ、優先DNSサーバーに接続できない場合、代替DNSサーバーに接続します。

　一般的には、社内に構築したキャッシュDNSサーバーか、インターネットサービスプロバイダーのキャッシュDNSサーバーのIPアドレスを設定します。

アプリケーション層と代表的なプロトコル

《「インターネット プロトコル バージョン4 (TCP/IPv4) のプロパティ」ダイアログボックス》

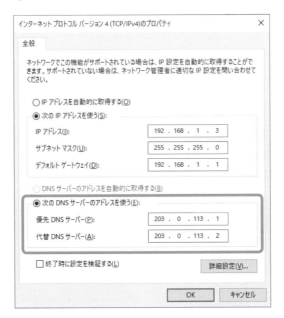

DNSサーバーとリソースレコード

DNSサーバーは、ドメイン名 (およびホスト名) とIPアドレスの対応情報をファイルで管理しています。このファイルに登録された1件1件の情報のことを**リソースレコード**といいます。リソースレコードにはAレコード、MXレコード、NSレコードなど、いくつかの種類があります。たとえば、Aレコードには、ホスト名 (またはFQDN) からそれに対応したIPアドレスを割り出すための情報が登録されています。MXレコードは、そのドメインにおけるメールの配送先となるメールサーバーのホスト名 (またはFQDN) の情報を持っており、NSレコードはそのドメインにおけるDNSサーバーのホスト名 (またはFQDN) の情報を持っています。

具体的なイメージを膨らませてもらうために、リソースレコードの例を紹介します。以下は、ドメイン名が「example.com」、「www」というホスト名に対応するIPアドレスが203.0.113.123である場合のAレコードの例です。

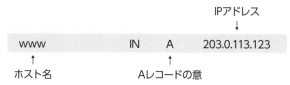

IPアドレス
↓

| www | | IN | A | 203.0.113.123 |

↑　　　　　　　　　　　↑
ホスト名　　　　　　Aレコードの意

＊ IN は DNS のクラス（分類）が Internet であることを意味しています。ですが、DNS のクラスは実質的に
１つしかなく、また、省略可能であり、特別な意味をなすものではありません。

以下のように、ホスト名の代わりにFQDNで記載することもできます。

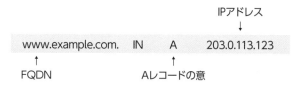

IPアドレス
↓

| www.example.com. | IN | A | 203.0.113.123 |

↑　　　　　　　　　　　↑
FQDN　　　　　　　Aレコードの意

＊ FQDN で記載する場合は、末尾に「.」を記載します。末尾に「.」をつけないと、「example.com」というド
メイン名が自動で付与されます。たとえば、上のA レコードに記載した「www」は、末尾に「.」がないので、
「example.com」というドメインを付与して「www.example.com」という意味になります。

DNSの代表的なリソースレコードを以下の表にまとめます。

《代表的なリソースレコード》

レコードの種類	説明	具体的な記載例
A（Address）レコード	ホスト名に対する IP アドレスを記載する	「www」というホスト名に対する IP アドレスが 203.0.113.123 である www　IN　A　203.0.113.123
NS レコード	ドメインの DNS サーバーのホスト名を記載する	「example.com」というドメインの DNS サーバーのホスト名が「ns」である example.com.　IN　NS　ns. example.com.
MX レコード	ドメイン宛てのメールの配送先となるメールサーバーのホスト名を記載する	「example.com」というドメインには「mx1」「mx2」というホスト名を持つ 2 つのメールサーバーがあり、優先度の高さを「MX」に続く数値で指定する（数字が小さい方が優先度は高い） example.com.　IN MX 10　mx1. example.com. example.com.　IN MX 20　mx2. example.com.

3 HTTP

URL

　Webページを閲覧する際には、どのWebサーバーのどのフォルダに格納されたページを閲覧したいのかを指定します。指定するときには、Webページの場所を示す文字列である**URL**（Uniform Resource Locator）を使います。ドメイン名はインターネット上の「住所」のようなものと説明しましたが、URLは、インターネット上のさらに詳細な場所（たとえば、「部屋番号」のようなもの）を表し、ファイルのありかを示すフォルダのパスにファイル名を加えたものです。

　URLの例を見てみましょう。

　インターネット上のWebページを閲覧するときには、上記のように、「http://」に続けてFQDN（❶）とファイル名を含むフォルダのパス（❷）を指定します。先頭の「http://」を含めてURL（❸）といいます。

　「http://www.example.com/main/」のように、ファイル名を含めずにパスだけにした場合、どうなりますか？

　ファイル名が省略されていた場合にどのような名前のファイルを表示するかは、Web サーバー側であらかじめ設定されていることが多いんだ。

たとえば、「www.impress.co.jp」のWebサーバーで、ファイル名の省略されたURLが送信されてきた場合は「index.html」という名前のファイルを表示すると設定されていたとします。その場合、利用者が「http://www.impress.co.jp/book/」と入力すると、Webサーバーは「book」フォルダに含まれる「index.html」ファイルを探し出し、利用者に送信します。つまり、利用者が「http://www.impress.co.jp/book/index.html」のURLを指定したのと同じ結果になります。

HTTPとは

ネットニュースを見たり、InstagramやTwitterなどのSNSでメッセージをやり取りしたりするときなど、WebブラウザーがWebサーバーと通信する際には、**HTTP**（HyperText Transfer Protocol）というプロトコルが使われます。HTTPはトランスポート層でTCPを使用し、ポート番号は80番です。

最近ではセキュリティを保つために、**HTTPS**（HTTP over SSL/TLS）というプロトコルを使う場合が増えてきました。これは、HTTPにTLS（Transport Layer Security）というプロトコルを併用するものです。TLSは、通信内容を暗号化したり、接続先が信頼できるサーバーかどうかをチェックしたりする機能を提供し、それらの機能をHTTPに付加することで、セキュリティを強化します。HTTPSのポート番号は443番です。

ポート番号が違うということは、HTTP と HTTPS はまったく別のプロトコルなのですか？

たしかに別のプロトコルだけど、HTTPS は TLS によるセキュリティ機能以外は HTTP を使う。だから、PC と Web サーバーでファイルをやり取りする手順だけを見ると、データの暗号化と復号の処理を除けば、HTTP と HTTPS に違いはないよ。

なお、HTTPのスペルアウトにある「Hypertext」は、スーパー（super）を

超えるハイパー（hyper）、つまり、「とてもすごいテキスト（文書）」という意味です。実際、HTTPを使ってWebブラウザーで通信すると、利用者は、単にWebページ上にテキストが見えるだけでなく、クリックすると別のページに遷移したり、画像や動画などを見たりすることができます。非常に多機能なプロトコルといえます。

HTTPによる通信の流れ

利用者が企業（A社）のWebページを閲覧する場合を例にして、HTTPによる通信の流れを具体的に見てみましょう。

《HTTPによる通信の流れ》

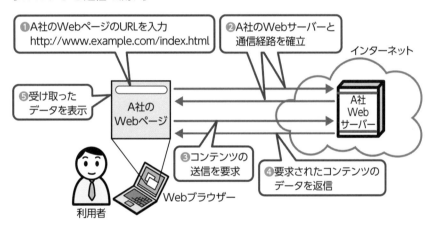

利用者は、WebブラウザーにA社のWebページのURLである「http://www.example.com/index.html」を入力します（図❶）。WebブラウザーはURLで指定されたA社のWebサーバー(www.example.com)にアクセスします。その際、ポート番号80番に対して、通信経路を確立します（図❷）。通信経路が確立されたら、WebブラウザーはA社のWebサーバーに対して、「index.htmlを送信してほしい」と要求します（図❸）。A社のWebサーバーは「index.html」というファイルをWebブラウザーに送り返します。（図❹）。Webブラウザーは受け取ったデータを表示します（図❺）。こうして利用者は、インターネットを介してA社の情報を入手したり、商品を注文したりすることができるのです。

このとき、WebブラウザーからWebサーバーへ送信される要求（図❸）を
HTTPリクエスト、WebサーバーからWebブラウザーへ送り返される結果（図
❹）をHTTPレスポンスといいます。

4 　電子メール

　最近では、友人との連絡手段にLINEなどのメッセージアプリを使うことが増えています。ですが、企業における連絡手段の中心は今でも電子メールです。本節では電子メールのプロトコルについて解説します。電子メールのプロトコルにはSMTPなどに代表されるメール送信プロトコルと、POP3やIMAPに代表されるメール受信プロトコルがあります。

メール送信プロトコル

　電子メールをメールソフトからメールサーバーに送信したり、メールサーバー間で電子メールを送信したりする際に使われるのが、メール送信プロトコルであるSMTP（Simple Mail Transfer Protocol）です。SMTPは文字どおり、メール（Mail）を転送する（Transfer）ための簡易な（Simple）プロトコル（Protocol）という意味です。TCPのポート番号25番を使用します。プロトコルにSMTPを使用することから、メール転送に使われるサーバーはSMTPサーバーと呼ばれます。

　SMTPは、インターネットの利用者が世界中でごく一部に限られていた時代に考案されたプロトコルです。当時は、悪意を持った利用者はいないという前提でしたので、SMTPにはメールの送信者が正規の利用者かどうかをサーバー側で認証する機能がありません。しかし、これが一因となって、大量の迷惑メールが世界中にばらまかれる現在の状況を生んでしまったのです。

　そこで最近では、ユーザー名とパスワードを使って、メールの送信者が正規の利用者かどうかを認証するSMTP AUTHというプロトコルがよく利用されます。ポート番号は通常587番で、メールソフトからSMTPサーバーにメールを投稿（submission）する際に用いられることから、この番号はサブミッションポートと呼ばれることがあります。利用者を認証することによって、不正な第三者が大量の迷惑メールを送りつける行為を防ぐことができます。

SMTPによるメール送信の流れ

　では、電子メールを送信する流れを確認しましょう。ここでは、A社の山田さん（メールアドレス：yamada@example.com）からB社の後藤さん（メールアドレス：goto@example.co.jp）にメールを送信するとします。

　次の図を見てください。山田さんのメールソフトはまず、A社のメールサーバー（SMTPサーバー）のポート番号25番に対して、3ウェイハンドシェイクにより通信経路を確立し、確立後、メールを送信します（図❶）。A社のメールサーバーは、宛先メールアドレスのドメイン（example.co.jp）情報を基にB社のDNSサーバーに問い合わせて、B社のメールサーバー（SMTPサーバー）のホスト名およびIPアドレスを知ります。そして、B社のメールサーバーに電子メールを転送します（図❷）。

《SMTPによるメール送信の流れ》

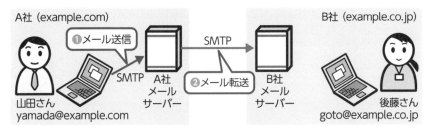

A社（example.com）
❶メール送信
SMTP　A社メールサーバー
SMTP
❷メール転送
B社メールサーバー
B社（example.co.jp）
山田さん
yamada@example.com
後藤さん
goto@example.co.jp

後藤さんの PC に電子メールを直接送信してはダメですか？

後藤さんの PC の電源が常時 ON になっていて、電子メールを受け取れる状態であれば、そういう方法もとれるだろう。しかし、実際には、そうはなっていないよね。

　利用者のPCは、使うときだけしか電源がONになっていないものです。そこで、メールサーバーにメールを送信し、保存する仕組みになっています。

メール受信プロトコル

　宛先のメールサーバーに届けられた電子メールは、メールサーバー内にある、利用者ごとのメールボックスに格納されます。利用者が届いた電子メールを閲覧したい場合は、メールボックスにアクセスして、電子メールを取りにいく必要があります。その際、メールサーバーとメールソフトのやり取りで使われる代表的なプロトコルが**POP**（Post Office Protocol）です。POPは何度か改良され、現在ではバージョン3であるPOP3（POP version 3）が使用されています。POP3はTCPのポート番号110番を使用します。プロトコルにPOP3を使用することから、メールボックスに格納された電子メールを利用者に転送するサーバーはPOP3サーバー（あるいは単にPOPサーバー）と呼ばれます。

> POP のスペルにある Post Office って、「郵便局」という意味ですよね？

> そのとおりだ。だから、POP は、郵便局の私書箱に届いた郵便（メール）を取りにいくことをイメージしてもらえばいい。

POP3によるメール受信の流れ

　それでは、先ほどの例を使って、メール受信の流れを見てみましょう。

　次の図を見てください。後藤さん宛ての電子メールをB社のメールサーバー（SMTPサーバー）で受信した後、その電子メールは、後藤さん専用のメールボックスに格納されます（図❶）。

　後藤さんが自分宛てに届いたメールを閲覧する場合、後藤さんのメールソフトはまず、B社のメールサーバー（POP3サーバー）のポート番号110番に対して、通信経路を確立します。このとき、自分専用のメールボックスには自分だけがアクセスでき、ほかの利用者はアクセスできないようにする必要があります。そこで、POP3には、ユーザー名とパスワードを使った認証機能が規定されています。その後、利用者認証を行ったうえで自分専用のメールボックスに格納されている

未読メールを受信します（図❷）。

《POP3によるメール受信の流れ》

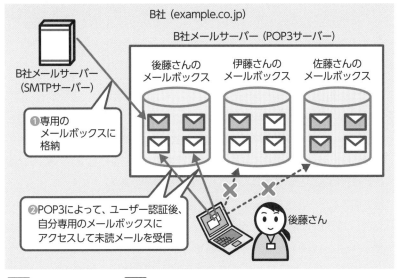

B社 (example.co.jp)

B社メールサーバー（POP3サーバー）

B社メールサーバー
（SMTPサーバー）

後藤さんの
メールボックス
伊藤さんの
メールボックス
佐藤さんの
メールボックス

❶専用の
メールボックスに
格納

❷POP3によって、ユーザー認証後、
自分専用のメールボックスに
アクセスして未読メールを受信

後藤さん

✉ :未読メール　　　✉ :既読メール

また、メール受信プロトコルとして、POP3ではなく**IMAP**（Internet Message Access Protocol）も普及しています。IMAPも、POPと同様に初期バージョンに改良が加えられており、現在ではバージョン4であるIMAP4（IMAP version 4）が使用されています。POP3では、電子メールをダウンロードしてPCで管理するのに対し、IMAP4ではメールサーバー側でメールを保持、管理します（ただし、POP3と同様に、クライアントのメールソフトにメールを取り込むことは可能です）。

IMAP4であれば電子メールをサーバー側で管理するため、自宅用とモバイル用の2台のPCを保持していた場合に、両方のPCで同じ電子メールを読むことができます。たとえば、一方のPCで受信した電子メールを削除した場合、他方のPCでその電子メールを受信することはありません。それに対し、POP3でも、サーバーに電子メールを残すようにメールソフトを設定しておけば、両方のPCで同じ電子メールを受信することができます。しかし、一方のPCで不要な電子メールを削除しても、他方のPCにはその電子メールが再び受信されます。

解決 » キャッシュ

「今回の不具合だけど、状況をもう一度整理しよう」

服部は成子に優しく声をかけた。

「わかりました」

成子は今回の切り替えに関連する機器を図に描き始めた。図で整理するというのは、服部から以前にアドバイスをもらった方法だ。成子はアドバイスを素直に受け止めることができる。それもひとつの才能である。

図を描きながら、成子は服部に現状を説明した。

「私の PC から www.example.com のサーバーに通信しようとすると、DNS サーバーに www.example.com の IP アドレスを問い合わせます。DNS サーバーには、新しい IP アドレスである 203.0.113.204 が設定されています。ですが、なぜか私の PC は古い Web サーバーに接続してしまいます。パケットキャプチャーで宛先 IP アドレスが 203.0.113.219 になっていることを確認したので間違いありません」

成子の話を最後まで聞いた後、服部が図を指差しながら言った。

「この図だと、登場人物が不足していないか？」

「え、何がですか？」

「自分の PC のネットワークの設定を見てごらん。DNS サーバーとして、どの IP アドレスが設定されている？」

成子は服部のアドバイスで閃いたようだ。表情が明るくなった。

「キャッシュ DNS サーバーです！」

成子はさっそく PC のネットワークの設定を確認した。もちろん、PC のネットワーク設定には、キャッシュ DNS サーバーの IP アドレスが設定されている。

「主任、わかりました。私が設定を変更したのはコンテンツ DNS サーバーです。ですが、PC はキャッシュ DNS サーバーに問い合わせをします。キャッシュ DNS サーバーでは、一定期間、ドメイン情報をキャッシュとして保持します。

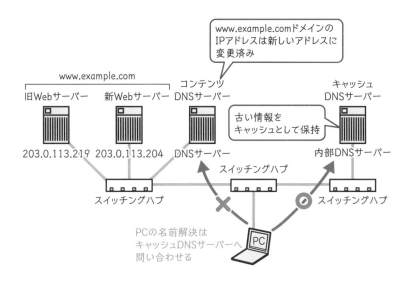

「このキャッシュが古い情報のままだったんですね」

「そのとおり。今回のトラブルは、DNSでサーバーの切り替えを行うときによくある事例だ。覚えておいて損はない」

「今回の場合、どう対処したらいいのですか？」

「キャッシュを保持する時間が経過したら、自然に切り替わると思う。明日以降に、無事に切り替わっているかを確認しよう。それと、キャッシュを保持する時間はDNSサーバーで設定できる。今回のようなサーバーの切替工事のときは、キャッシュ時間をあらかじめ短くしておくといい」

「具体的に何分くらいに設定すればいいのですか？」

「サーバーに負荷がかかるから、あまり短すぎるのもお勧めできない。明確な決まりはないんだけど、真夜中に切替工事を行えば、キャッシュ時間は5分くらいでいいと思う」

服部のアドバイスは成子にとって、とても参考になった。真夜中であれば、誰もシステムを使わない時間だ。その時間に切替工事をすれば、仮に5分くらいつながらなくても、許容されるという判断であろう。

「今回の切替テストですが、主任のアドバイスどおり、テスト環境で実施しておいてよかったです。本番環境だったら、取引にも影響が出ていたと思います」

「ネットワークに不具合が発生するとシステムがすべて停止してしまう場合がある。もうわかったと思うけど、事前にテスト環境で試験しておくことはとても大切なプロセスなんだ。今回の失敗も勉強のひとつと思って、前向きに頑張ってほしい」

「はい、わかりました！」

成子は引き締まった表情で答えた。

⟫ ネットワークの資格

ネットワークへの理解を深めるためには、実践が大事なことは言うまでもありません。ですが、実践だけでは偏った知識になりがちです。書籍やインターネットの情報による自己啓発、勉強会やセミナーへの参加に加えて、資格取得のために学習することで、知識を深めるだけでなく体系的に整理することができます。

もちろん、資格がなくても、ネットワークの仕事はできます。医師や弁護士などと違って、免許などないので、「資格は不要」と考える人も少なくありません。しかし、自分のスキルアップのために資格を取るのは悪くない選択肢だと思います。スキルアップのマイルストーンになりますし、合格すれば自信がつきます。また、資格を取ることで、社内や IT ベンダー、お客様、さらには転職先などに、自分の実力をPR することができます。実際、私も資格をたくさん取得してきました。

資格のいいところの 1 つとして、資格の難易度や知名度にかかわらず、合格するとうれしいことも挙げられます。この快感は、書籍を読んだり、勉強会に参加したりするだけでは得られません。そしてその喜びが、さらなるモチベーション、向上心を生むことにつながるのです。

ここでは、ネットワークエンジニアにとってメジャーな資格をいくつか紹介します。

●ドットコムマスター

ドットコムマスターは、NTT コミュニケーションズが主催するインターネット検定です。BASIC と ADVANCE という 2 つの資格があり、ADVANCE はさらに、試験の得点に応じて、シングルスター、ダブルスターのいずれかに認定されます（ダブルスターの方が難易度は高くなります）。このうち、皆さんに取得していただきたいのは後者の ADVANCE です。

試験内容は、インターネットの技術が中心ですが、ネットワークを学ぶうえでの基礎的な力が身につきます。受験料は、基本的な内容が問われる BASIC で 4,400 円（消費税込み）、応用的な内容が問われる ADVANCE で 8,800 円（消費税込み）です（2021 年 1 月現在）。

●シスコ技術者認定資格

シスコが主催するネットワークエンジニア向けの資格です。CCNA（Cisco Certified Network Associate）→ CCNP（Cisco Certified Network Professional）→ CCIE（Cisco Certified Internetwork Expert）と、レベルが上がるにつれて、難易度も高くなります。シスコ固有のコマンドや技術を理解している必要がありますが、IPアドレスやプロトコルなどを含めてネットワークの基本知識を学ぶことができます。

受験はCBT（Computer Based Testing）形式で、全国にある試験センターにてコンピューターで受験できます。受験料はやや高額で、比較的頻繁に変動します。CCNAの場合は3〜4万円程度で、上位資格になると、さらに高額になります。

CCNAを持っていると、「この人はネットワークのことがひととおりわかっているな」と認めてもらえます。ネットワークエンジニアとして仕事をするのであれば、転職時などにも有利になるでしょう。

ただし、一度資格を取得したとしても、定期的に更新しなければ維持することはできません。

●ネットワークスペシャリスト

ネットワークに関する幅広い内容を問われる国家資格です。技術や知識だけでなく、設計や構築、運用・保守に関する内容が、具体的な企業の事例を基に出題されます。試験は年に1回実施されます。午前Ⅰ、午前Ⅱ、午後Ⅰ、午後Ⅱと4科目から構成され、午前はマークシート、午後は記述式の試験です。合格率は10%強と難易度も高いのですが、ネットワークエンジニアであれば、是非とも取りたい資格です。受験料は5,700円（消費税込み）です（2021年1月現在）。

●技術士（情報工学）

技術士は、技術系の最高峰に位置づけられる資格です。技術士には機械部門、電気電子部門など21の部門があります。ネットワークエンジニアが狙う領域は、情報

工学部門です。私は、情報工学部門の中にある4つの科目の中から「情報ネットワーク」（現在は「情報基盤」に変更）を選択して合格しました。

試験は1次試験と2次試験、口述試験に分かれます。特徴的なのは2次試験で、5時間半という長い時間、ひたすら論文を書く試験です。「ITの試験なのになぜ論文？」と首をかしげながらも、必死で鉛筆を走らせた記憶があります。この試験は7年間の実務経験も必要ですし、最後の口述試験では、技術士としての倫理まで問われます。難しい反面、世間から高く評価される資格です。

これらの資格を取得して名刺に記載すると、名刺交換が楽しくなりますよ。

章

インターネット
と
セキュリティ

持ち込んだPCが
インターネットに接続できない！

「はい、情報システム部の剣持です」

先日、LAN内のファイル共有ができないというトラブルを解決した高輪営業所からの電話だ。

（トラブルが解決したばかりなのに……。今度はなんだろう？）

不審に思った成子は、電話をかけてきた所員の田中に、状況を詳しく聞くことにした。

「なるほど。本社の営業部から借用したPCがインターネットに接続できないのですね」

高輪営業所のネットワーク構成図はわかっている。それに、導入済みの2台のPCはもともとインターネットに接続できていた。きっと、基本的な設定ミスが原因だと成子は思った。

これまで服部に鍛えられてきた成子には、それなりの現場経験を積んできたという自負がある。もっと情報を収集するために、成子はさっそく、電話越しに田中に操作を依頼した。

「接続できないPCを使って、今からお伝えするコマンドを実行してもらえないでしょうか」

「わかりました」と田中は言って、準備を進める。

「では、コマンドプロンプトを表示してipconfigコマンドを実行し、『IPv4アドレス』という項目の情報を教えてください」

「えーっと……あっ、これですね。10.1.101.100となっています」

「10ですか？」

成子は驚いた。なぜなら、高輪営業所のLANのセグメントは、192.168.1.0/24だからだ。それを聞いて、成子には問題点が見えてきた。たぶん、IPアドレスが適切に割り当てられていないのが原因だ。本社の営業部で使っていたPCなので、営業部のLAN用の設定が残っていたのだろう。だから、

192.168.1.0/24 のセグメントの IP アドレスに変更すればいいはずだ。そう思った成子は、思いついた対応策を田中に進言した。

「これから手順をご説明しますので、『インターネット プロトコル バージョン 4(TCP/IPv4)のプロパティ』ダイアログボックスを表示していただけますか？」田中は、電話で聞いたとおりに PC を操作した。

「『次の IP アドレスを使う』がチェックされていると思います。その下にある 3 つの項目を、今からお伝えするものに変更してください」

成子は、192.168.1.0/24 のセグメントになるように、IP アドレス、サブネットマスク、デフォルトゲートウェイの設定値を告げる。IP アドレスはもちろん、既存の 2 台の PC と重複しないように、192.168.1.3 に変更してもらった。

「設定、変更しました」と田中が答える。

「通信テストのために、デフォルトゲートウェイである 192.168.1.254 に ping コマンドを実行してください」

「正常に通信できています」と田中。

（よし、よし。これで一件落着！）

「では、インターネットに接続してみてください」

成子は自信満々だ。ところが、田中からは意外な返事が戻ってきた。

「ダメです。接続できません……」

「……本当ですか？　先ほどお伝えしたとおりの値に、正しく設定されていますか？」

「はい、合ってます」

一件落着と思ったのに、振り出しに戻ってしまい、動揺する成子。育んできた自信が少し揺らいだ。

「服部主任に相談してみますので、少しお時間をください。対策がわかったら、折り返し電話します」

成子は慌てて電話を切り、服部の姿を探した。

だめです 接続できません…

ちゃんと設定してくれました？

え〜 どうして？

1 インターネットへの接続

インターネットとISP

　我々は、Yahoo! JAPANやGoogleなどのインターネット上の検索サービスを使って情報を入手したり、Amazon.comや楽天市場などのショッピングサイトを通じてインターネットで商品を購入したりしています。また、LINEやTwitterなどのSNS（Social Networking Service）、YouTubeなどの動画共有サービスも、インターネットを通じて利用することができます。インターネットは、家庭内LANのような小規模なネットワークから、大企業、大学などの大規模なネットワークまで、世界中にあるさまざまなネットワークを相互接続することによって構成されているため、異なるネットワーク内にあるコンピューター同士でも通信することができるのです。

> ネットワークの相互接続でインターネットが構成されているといわれても、具体的にどう構成されているのか、イメージがわきません……。

> LAN や WAN なら、それを構成している機器やケーブルを見ることができるけど、インターネットは規模が大きすぎて、目に見えないからね。でも、インターネットであっても、LAN や WAN と同じ仕組みを採用しているんだよ。

　異なる言語の話し手同士では会話が成り立たないのと同様に、ネットワークを相互接続する場合も「共通言語」を使用しなければ、異なるネットワーク内にあるコンピューター同士は通信することができません。インターネットにおいて、この「共通言語」に相当するのがIPというプロトコルです。言い換えれば、インターネットは、IPを使用するネットワークの巨大な集合体です。大雑把にいえば、

LANやWANの出口で使われているルーター（あるいはルーターの機能を備えたネットワーク機器）同士を相互接続し、網目のように構成されたネットワーク全体がインターネットなのです。

　しかし、LANやWANを大規模に接続しただけでは利用者がインターネットに接続することはできません。インターネットへの接続サービスを提供しているISP（Internet Service Provider：インターネットサービスプロバイダー、略してプロバイダー）と契約し、ISPのネットワークを介してインターネットに接続する必要があります。企業の営業所のLANや家庭内LANなど小規模なネットワークの場合、個々にインターネット接続に必須となるグローバルIPアドレスを保有するのは難しいため、ISPから一時的に借りて接続します。ISPには、OCNやぷらら（plala）、@nifty、BIGLOBEなど、数多くの事業者があります。

　ISPのネットワーク同士もIPを使って相互接続されています。しかし、国内に限ってもISPの数は膨大にあり、個々のISPがほかのISPへの接続回線を個別に用意するのは効率が悪いですし、物理的にも困難です。そこで、その手間を省くために、IX（Internet eXchange）と呼ばれる設備をハブのように利用し、ISPのネットワーク同士を相互接続しています。ISPだけでなく、Yahoo! JAPANやGoogle、LINEなどの大手インターネットサービス事業者やデータセンター事業者など、膨大なトラフィックを処理する事業者も、IXに接続しています。

《インターネットの接続イメージ》

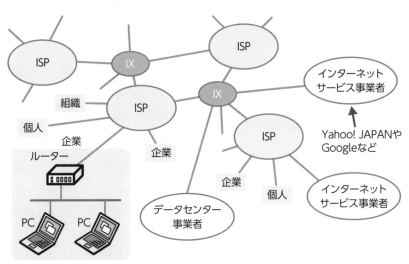

インターネットへの接続方法

　すでに述べたとおり、企業や家庭がインターネットに接続するにはISPのネットワークに接続する必要があります。では、具体的にどうやってISPのネットワークに接続するのでしょうか。有線によるインターネット接続で必要なものを整理すると、以下になります。

❶（光回線などの）通信回線
❷インターネット接続サービス
❸インターネットに接続するための機器

《インターネット接続に必要なもの》

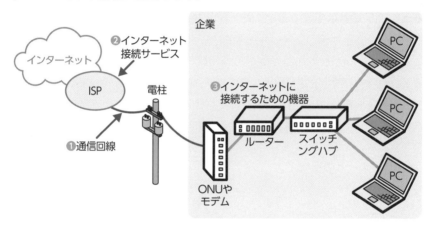

　順に解説します。

❶（光回線などの）通信回線

　企業や家庭のLANとISPのネットワークを接続するために、通信回線を準備します。光ケーブルなどを敷設しますので、物理的な工事が必要です。フレッツ（FLET'S）サービスを提供しているNTT東日本・西日本や、ケーブルテレビ回線を利用して通信サービスも提供しているケーブルテレビ事業者など、専門業者に依頼します。

　このとき、通信回線と利用者のネットワーク機器を接続するための機器が設置

されます。光回線の場合は、ONU（Optical Network Unit：光回線終端装置）、従来の電話回線やケーブルテレビ回線の場合はモデムと呼ばれる機器が設置されます。

❷インターネット接続サービス

　インターネット接続サービスを受けるための契約をISPと結びます。たとえば、NTT東日本・西日本のフレッツサービスを利用する場合、通信回線しか提供されないため、別途、BIGLOBEやOCNなどのISPとインターネット接続サービスを契約する必要があります。ケーブルテレビ事業者のように、1社で通信回線（❶）とインターネット接続サービス（❷）の両方を提供する事業者もあります。

　契約を無事に締結すると、ISPから、ユーザーIDやパスワード（認証ID、認証パスワードと呼ばれることもあります）、メールアドレスなど、インターネット接続に必要な情報が記載された書類が届きます。

《ISPから届く書類に記載された情報（抜粋）》

お客様番号	A1234567890
お客様名	鈴木　太郎
ユーザー ID	abcdefg123@example.com
パスワード	password
（省略）	

❸インターネットに接続するための機器

　インターネットに接続するためのルーターを設置します。上の表に記されたユーザーIDとパスワードをルーターに設定すると、ISPのネットワークに接続できます。これにより、インターネットに接続できるようになります。

2 プロキシサーバー

プロキシサーバーとは

　企業の場合、社内ネットワークにあるPCをインターネット上にあるサーバーに接続する際に、プロキシサーバーを経由させることが一般的です。**プロキシサーバー**（proxy server）はPCのproxy（「代理」という意味）としてインターネット上のサーバーに接続し、受け取った結果をPCに渡します。見方を変えると、社内ネットワークからインターネットへの接続をプロキシサーバーが中継していることになります。

　なぜそんな面倒なことをするのですか？

　通信の高速化とセキュリティの強化のためなんだ。

●通信の高速化

　たとえばプロキシサーバーでは、社内ネットワークにあるPCが閲覧したWebページを一時的に保存（キャッシュといいます）します。ネットワーク内のほかのPCが同じコンテンツにアクセスしたときには、保存しているキャッシュ情報をこのPCに提供します。この機能によって、同じWebサーバーにアクセスした際に、応答時間を短縮することができ、通信を高速化できます。

●セキュリティの強化

　プロキシサーバーには、次のようなセキュリティ機能があります。

- インターネットに接続する利用者を認証し、不正な第三者からの接続を遮断
- プロキシサーバーで通信ログを取得することで、通信を分析し、不正な通信を検出することが可能
- ウイルスをダウンロードしていないかをチェックする機能や、不正なサイト（URL）へのアクセスを防ぐURLフィルタリング機能などを付加して、セキュリティをさらに強化

《プロキシサーバーの機能》

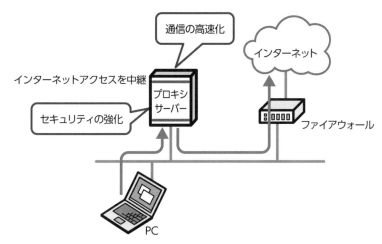

プロキシサーバーの設定

　プロキシサーバーを経由してインターネットと通信するには、PCの設定を変更する必要があります。ここでは、Windows 10のPCを例にして、プロキシサーバーを利用する場合の設定の仕方を紹介します。

①「スタート」ボタン（▦）をクリックし、「設定」ボタン（⚙）をクリックします。

②「Windowsの設定」ウィンドウが表示されたら、「ネットワークとインターネット」をクリックします。

③「ネットワークとインターネット」ウィンドウが表示されたら、左側のペインで「プロキシ」をクリックします。

④「プロキシ」の設定ウィンドウが開いたら、「手動プロキシ セットアップ」欄にある「プロキシ サーバーを使う」を「オン」にし、プロキシサーバーのIPアドレスとプロキシサーバーに接続するポート番号を入力します。次の例では、プロキシサーバーのIPアドレスに「192.168.1.222」を、ポート番号に「8080」を入力していますが、これらの値は企業ごとに異なります。情報システム部門などから指定された値を入力します。

《プロキシサーバーの設定》

　企業によっては、別の機器でセキュリティを確保しているため、プロキシサーバーを導入していない場合があります。その場合は、「プロキシ サーバーを使う」を「オフ」にします。

3 ファイアウォール

ファイアウォールとは

　インターネットは世界中のさまざまな人が利用しています。中には悪意を持った攻撃者もいますから、インターネットに接続することで、企業内LANが外部からの攻撃にさらされる可能性があります。そのようなリスクを低減するために、インターネットと企業内LANの間にファイアウォールを設置します。**ファイアウォール**（firewall）は「防火壁」という意味で、外部の攻撃から企業内LANを保護する機器やソフトウェアのことを指します。

　インターネットをルーターの外側とした場合、ファイアウォールは、ルーターの内側に設置する場合もあれば（図❶）、ルーターの代わりに設置する場合もあります（図❷）。❷の場合、ファイアウォールがルーティングなどのルーターの機能を備えている必要があります。

《ファイアウォールの設置パターン》

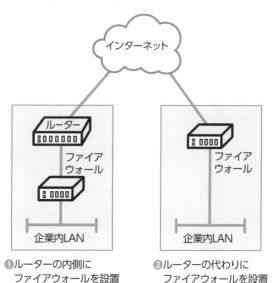

❶ルーターの内側に　　　　❷ルーターの代わりに
　ファイアウォールを設置　　ファイアウォールを設置

以下はファイアウォールの代表的な製品であるフォーティネットのFortiGate 100Fです。

《FortiGate 100F》

提供：フォーティネットジャパン株式会社

> ポートがたくさんありますね。

> そうだね。ファイアウォールは、基本的なセキュリティに関する機能に加えて、ルーターの機能、さらにはスイッチングハブの機能も持ち合わせていることが多いんだ。

　PCが数台しかない拠点であれば、このような複数の機能を兼ね備えたファイアウォール1台で、ネットワークを構築することができます。

パケットフィルタリング

　ファイアウォールは、受信したパケットのヘッダーを確認し、特定のIPアドレス（送信元や宛先）、プロトコルやポート番号（送信元や宛先）のパケットだけを通過させ、それ以外のパケットを遮断します。この機能を、**パケットフィルタリング**といいます。

　たとえば、LAN内にあるWebサーバー（IPアドレス：203.0.113.1、プロトコル：TCP、ポート番号：80）をインターネットに公開することを考えます。インターネットからは、内部のPCやそれ以外の非公開サーバーと通信させたく

ありません。LAN内のコンピューターには、外部に漏えいさせたくない機密データや、顧客データなどが存在しているからです。

　そこで、インターネットとLANの間にファイアウォールを設置し、ファイアウォールで、外部から内部へのパケットは、外部に公開するWebサーバー宛てのものだけを通過させるように設定します（それ以外のパケットはすべて遮断します）。そうすることで、外部からLANへの攻撃を防ぐことができます。

《パケットフィルタリングの例》

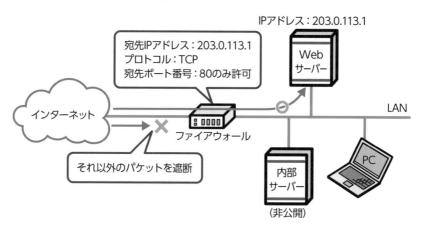

DMZ

先ほどの図を見ると、公開する Web サーバーが、非公開サーバーや PC と同じセグメントにあります。セキュリティ面で問題ありませんか？

よく気がついたね。外部から公開 Web サーバーへの通信は許可しているから、仮に公開 Web サーバーが第三者に侵入されてしまうと、そのサーバーを経由して非公開サーバーや PC にも侵入されてしまうおそれがある。だから、あまり推奨されないネットワーク構成といえるんだ。

外部に公開するサーバーと非公開のサーバーやPCは、セグメントを分離して異なったセグメントに配置し、両者の間の通信を制限すべきです。このとき、外部に公開するサーバーを配置するセグメントを**DMZ**（DeMilitarized Zone）といいます。一方、非公開のサーバーやPCを配置するセグメントは、内部セグメントなどと呼ばれます。

DMZのそもそもの意味は、demilitarize（非武装化する）とzone（地帯）という英語表記からわかるように、「非武装地帯」です。非武装地帯はもともと、国境をまたいで争いをしている2国間において、両者が（武装せずに）互いに行き来できるエリアのことです。ネットワーク上の非武装地帯であるDMZも同様の概念で、インターネット（外部）と内部セグメントの中間に位置するエリアです。内部からだけでなく、インターネット側（外部）からもアクセスすることができます。なおかつ、セグメントを分けているため、万が一公開するサーバーが第三者に侵入されたとしても、内部への影響を防ぐことができます。

ファイアウォールは、ネットワークをインターネットとDMZと内部セグメントに分離する役割も担います。その方法は、それぞれのネットワークをファイアウォールの別々のポートに接続するだけです。ファイアウォールによって分離した外部、DMZ、内部セグメント間の通信は、パケットフィルタリングによって制御します。

公開するサーバーをDMZに配置した構成図は以下のようになります。

《DMZの構成》

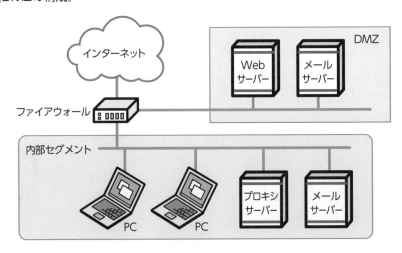

統合的なセキュリティ機能を持つUTM

　ファイアウォールの中には、複数のセキュリティ機能を統合的に兼ね備えた機器という意味で、**UTM**（Unified Threat Management：統合脅威管理）と呼ばれる製品があります。UTMが実装する主なセキュリティ機能は以下のとおりです。

- アンチウイルス機能：コンピューターに侵入する不正なプログラムを検知・防御
- URLフィルタリング：業務に関係がないサイト（たとえば、アダルトサイトやゲームのサイト）へのアクセスを遮断
- 侵入防御機能：外部からの攻撃を検知・防御

　サイバー攻撃は年々増加傾向にあり、攻撃手法も多様化しています。外部に漏えいさせたくない機密データや顧客データを守るという観点から、これらのセキュリティ機能は是非とも活用したいものです。

4 クラウドコンピューティング

　インターネットが広く普及しただけでなく、その速度が飛躍的に高速化されたことで、システムの設置および利用形態にも変化が出始めました。自社のネットワーク内にシステムを設置して利用するのではなく、インターネット上にあるシステムを使って提供されるサービスを利用するのです。これは**クラウドサービス**と呼ばれており、近年、利用する企業が増えてきています。

　日本政府もこの潮流に乗り、「クラウド・バイ・デフォルト原則」という方針を2018年に打ち立てました。これは、政府がシステムを構築する場合には、クラウドの活用をデフォルト（第一候補）とするというものです。今後、クラウドサービスの利用はさらに進むと考えられます。

クラウドコンピューティングとは

ITベンダーから、クラウドサービス活用の提案を受けました。わが社のクラウド利用はどうなっているのでしょうか？

言い訳でしかないが、忙しくて十分に検討できていない。コスト削減や利便性向上のためにもクラウド利用を真剣に考えなくてはいけない。

なぜクラウドという言葉がこれほど騒がれるようになったのですか？

インターネットが普及し始めた1990年代後半と比べると、通信回線の速度が飛躍的に向上した。クラウドサービスを活用してもキビキビ動作して、ストレスを感じなくなったことが大きいね。でも、理由はそれだけではない。まずはクラウドコンピューティングとは何かをおさらいするところから始めて、クラウドに対する理解を深めていこう。

クラウドコンピューティング（以下、クラウド）とは、インターネット上にあるシステムを、サービスとして利用する形態のことです。クラウド（cloud）は「雲」という意味です。

ネットワーク構成図にインターネットを描く場合、多くは雲に似た絵で表現されます。そのため、インターネット上にあるシステムをサービスとして利用することに対して、「クラウド」という言葉が使われるようになりました。

実は、私たちがふだんよく利用しているアプリケーションの多くは、クラウドサービスとして提供されています。たとえば、GmailやGoogleドライブ、LINEやInstagram、Twitterなどがそうです。これらのサービスを提供しているシステムはインターネット上にあり、インターネット経由でアクセスしてサービスを利用しています。

従来のシステムとクラウドサービスとの違い

従来のシステムは、自社で構築し、社内に設置・運用されていました。この形態を**オンプレミス**（on-premises）といい（「premises」は「構内」の意）、システムを利用するのは、基本的に自社の社員に限られていました。一方、クラウドサービスの場合、インターネット上にシステムがあります。また、1つのシステムの利用者が自社の社員に限定されず、複数の企業が同じシステムを共同利用します（もちろん、1つのシステムを、一社で独占的に利用することも可能です）。世界中で広く普及しているクラウドサービスには、Amazon.comのAWS（Amazon Web Services）、マイクロソフトのMicrosoft Azure、GoogleのGoogle Cloud Platform（GCP）があります

例として、オンプレミスでファイルサーバーを構築して利用する場合と、

GoogleドライブやDropboxなどのクラウドのオンラインストレージサービスを使う場合のネットワーク構成を比較してみましょう。下図の図❶がオンプレミスのファイルサーバーを利用した場合、図❷がクラウドのオンラインストレージサービスを利用した場合です。

《オンプレミスとクラウドの違い》

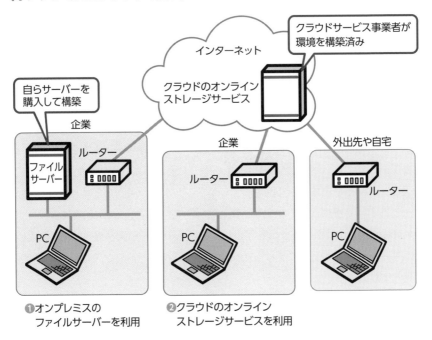

❶オンプレミスの
　ファイルサーバーを利用

❷クラウドのオンライン
　ストレージサービスを利用

　図❶の場合、自社でファイルサーバーを購入し、LAN内にサーバーを設置します。IPアドレスなどのネットワーク設定、ファイルサーバーの設定、利用者情報（ユーザーIDやパスワードなど）の登録など、システムを利用するために必要な環境の構築は、自社で行わなければなりません。一方、図❷の場合、クラウドサービス事業者がオンラインストレージサービス用の機器を購入し、インターネット上にその利用環境をすでに構築しています。インターネットへの接続環境があれば、利用者情報を登録することで、サービスを即座に利用することができます。

クラウドサービスのメリット

クラウドには、具体的にどんなメリットがあると思う？

サーバーを購入しなくてもよいという話だと、コスト削減につながりませんか？

そう、クラウドを利用すると、コストを削減できることが多い。それ以外にも、サーバーの容量を簡単に増減できたり、社外からも利用しやすいなどのメリットがあるんだ。

ここで、クラウドサービスの主なメリットを整理しましょう。

●イニシャルコストやランニングコストが安くなる傾向にある

オンプレミスでシステムを運用するには、機器購入費やシステム構築費などのイニシャルコストだけでなく、運用・保守要員の人件費、ITベンダーに支払うサポート費、空調などを含む電気代などのランニングコストがかかります。

一方、クラウドサービスの場合は一般的に、複数の企業で共同利用することを前提に提供されています。前述したコストを複数の利用者で共同負担するので、1利用者あたりの負担金額が低くなるのです。そして、クラウドサービスでは、初期費用が無料または低く抑えられています。結果として、イニシャルコストやランニングコスト（毎月の利用コスト）も安くなる傾向にあります。

●導入が簡単で、所要期間が短い

オンプレミスでシステムを構築する場合、自社でコンピューターを購入してOSやアプリケーションのインストール・設定を行い、ネットワークに接続し、利用者情報を登録するなどの作業が必要です。これらの作業には時間も労力もか

7章 インターネットとセキュリティ

かります。

　一方、クラウドサービスの場合、すでに構築されたシステムを使ったサービスとして提供されるため、利用者情報の登録など簡単な設定を行うだけで利用できます。場合によっては、サービスを契約した日から即座に利用できます。

　たとえば、Amazon.comのAWSでサーバーを構築する場合、OSの種類、CPUの数、メモリーの容量などを画面から選択するだけでよく、わずか数分でサーバーを起動させることができます。

●柔軟性がある

　オンプレミスでシステムを構築した場合、イニシャルコストがかかりますから、5年などの一定期間利用し続けないと初期投資を回収できません。つまり、システムを構築してしまうと、たとえそれが急速に時代遅れになったとしても、簡単には利用をやめることが難しくなります。一方、クラウドサービスは資産ではないため、サービスの開始・解約をいつでも行うことができます（ただし、最低利用期間が定められている場合もあります）。

　また、利用者数が2倍になった場合を考えます。オンプレミスの場合は、システムの性能を簡単に増強することはできません。しかし、クラウドサービスの場合は、契約内容を変更するだけで、CPUの数、メモリーやハードディスクの容量などを変更できます。利用者数の変動に柔軟に対応することができます。

●どこからでも利用できる

　オンプレミスでシステムを構築した場合、システムは社内ネットワークの中に設置されています。そして、セキュリティを保つために、外部（インターネット）からシステムに接続できないように設定している場合があります。一方、クラウドサービスは、インターネットに接続してさえいれば、どこからでも利用できます。働き方改革が進んだ現在において、自宅や外出先からでもシステムを利用できるのは便利です。

クラウドサービスを利用した場合のネットワーク構成図

　クラウドサービスを利用した場合、序章10ページのネットワーク構成図はどうなるでしょうか。

　オンプレミスのシステムをどこまでクラウドサービスに切り替えるかは、組織の考え方によります。クラウドサービスを部分的に導入し、一部のシステムだけを切り替える企業は増えていますが、今後は、可能な限りのシステムをクラウドサービスに切り替えるという企業も増えていくことでしょう。今回は、後者の場合のネットワーク構成例を紹介します。

　オンプレミスとして残るサーバーは、データリンク層のフレームをやり取りするDHCPサーバーだけです。また、クラウドサービスを利用することで、本社と各支店間の接続も不要になります。クラウドサービスを通じて、本社と各支店間でファイルやメールなどをやり取りできるからです。なお、各拠点（たとえば大阪支店）から本社のファイアウォールを経由せずにインターネットに接続するので、各拠点のルーターをファイアウォールに置き換えています。

　このように、クラウドサービスを利用することで、とてもスッキリしたネットワーク構成になります。

インターネットとセキュリティ

《可能な限りクラウドサービスを利用した場合のネットワーク構成例》

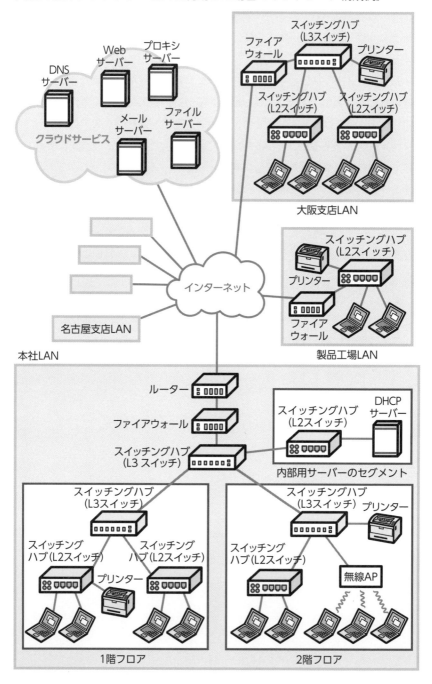

クラウドサービス

DNS
サーバー

Web
サーバー

プロキシ
サーバー

メール
サーバー

ファイル
サーバー

ファイア
ウォール

スイッチングハブ
(L3スイッチ)

プリンター

スイッチングハブ
(L2スイッチ)

スイッチングハブ
(L2スイッチ)

大阪支店LAN

インターネット

スイッチングハブ
(L2スイッチ)

プリンター

ファイア
ウォール

製品工場LAN

名古屋支店LAN

本社LAN

ルーター

ファイアウォール

スイッチングハブ
(L3 スイッチ)

スイッチングハブ
(L2スイッチ)

DHCP
サーバー

内部用サーバーのセグメント

スイッチングハブ
(L3スイッチ)

スイッチング
ハブ(L2スイッチ)

プリンター

スイッチング
ハブ(L2スイッチ)

1階フロア

スイッチングハブ
(L3スイッチ) プリンター

スイッチング
ハブ(L2スイッチ)

無線AP

2階フロア

セキュリティ面のリスク

クラウドを利用すると、多くのメリットがあるとわかりました。でも、セキュリティ面のリスクはないのでしょうか。

そのとおり。クラウドサービスのシステムはインターネット上にあるから、特に、顧客データや機密データをそのシステムに格納するのは不安があると思う。だから、利用用途に応じてクラウドサービスとオンプレミスを使い分ける必要があるんだ。

　クラウドサービスは、インターネットに接続されていれば、どこからでも接続できるという利便性があります。しかしこの点は、第三者に不正に接続されてしまうというセキュリティ上のリスクにもつながります。また、クラウドサービスを運用・保守するのはサービスを提供する事業者（クラウドサービス事業者）、つまり、他社です。顧客データや機密データを他社に預けるということが、自社のセキュリティポリシーに反する可能性があります。

　そこで、クラウドサービスとオンプレミスの使い分けが必要です。たとえば、顧客データや機密データが格納されるファイルサーバーやデータベースサーバーなどは、クラウドサービスを利用せずに、オンプレミスで構築するのです。

　また、クラウドサービス事業者によって、データのバックアップ方法や障害時の復旧時間、機密データの扱い方などが異なります。過去にはクラウドサービス事業者のミスによってデータが消えてしまったという事件も発生しました。クラウドサービス事業者は、システムの平均連続稼働時間、システムに障害が発生してから復旧するまでに要する平均復旧時間など、サービスの品質に関係する値をサービスレベルとして公表していることが一般的です。それを参考にしながら、自社の求めるサービスレベルを提供できるクラウドサービス事業者を選定することも重要です。

トラブル ⑦

解決 » 設定の確認

服部を見つけた成子は、さっそく、高輪営業所でトラブルが発生したことと田中とのこれまでのやり取りを報告した。

「なるほど。LAN の設定は、192.168.1.0/24 のセグメントになるように変更したんだな。じゃあ、DNS はちゃんと設定しているかい？」

服部は即答する。服部にはどうやら、ネットワークのトラブルに関して、主な原因がおおむね想定できているようだ。これまで積み上げた経験によるものだろう。

「あっ、そうですね。DNS の設定は確認していませんでした。でも、高輪営業所の場合、DNS サーバーの IP アドレスはいくつに設定すればいいのでしょうか？」

「PC の IP アドレスは、DHCP サーバーを使わずに手動で設定したの？」

「はい、そうです」

「DHCP サーバーからの自動取得にすれば、DNS サーバーの IP アドレスも自動で取得できる。その方が便利だね」

服部はそうアドバイスした。

「わかりました。先方に確認してみます」

成子はそう言って、受話器を持ち上げ、再び田中に電話をした。

「先ほどの件ですが、『インターネット プロトコル バージョン 4（TCP/IPv4）のプロパティ』ダイアログボックスをもう一度表示していただいて、『IP アドレスを自動的に取得する』に変更していただけますか？」

成子と田中とのやり取りが続く。成子は田中に、コマンドプロンプトで「ipconfig /all」を実行してもらい、DNS サーバーがきちんと設定されていることも確認した。どうやら設定は無事に終わったようだ。

「では、インターネットに接続してみてください」

今度こそ大丈夫だろうと期待を膨らませる成子。

ところが、である。田中からは、その期待を裏切る次のひと言が返ってきた。

「ダメですね……。つながりません」

（まだダメか……）

ガッカリした成子だったが、こればかりは仕方がない。気持ちを切り替え、再度服部に相談した。

「主任、どうしたらいいでしょう？」

「DNS サーバーはきちんと動作しているのかな？　たとえば、www.yahoo.co.jp に ping コマンドを実行してもらってよ」

「はい、わかりました」

成子は、少しずつ服部の意図がわかってきた。IP アドレスではなく、www.yahoo.co.jp に ping コマンドを実行してもらうということは、DNS サーバーで www.yahoo.co.jp の名前解決をする必要がある。つまり、DNS の接続・動作テストと ping による通信テストを同時に行おうというわけだ。これがうまくいけば、PC と DNS サーバーとは問題なく通信できていることになるので、原因をさらに切り分けることができる。成子は田中に服部のアドバイスを伝え、ping コマンドを実行してもらった。

「えっ、本当ですか？　ping は正常に届いているのですね」

成子は結果に喜びながらも、頭の中が混乱してきた。DNS サーバーとの通信の不具合が原因ではないと、これではっきりしたのだ。

「服部主任、ping は正常に届くので、DNS サーバーともきちんと通信できていると思います」

「だったら、原因はおそらくあれだな」

服部は原因がわかったようだが、成子は見当がつかない。

「私にはさっぱりわかりません」

「PC からインターネットへの経路を改めて考えてみて」

「高輪営業所のネットワーク構成はとてもシンプルですよ。複数の PC とそれらを束ねるスイッチングハブ、そして、インターネットの出入り口に位置するルーターしかありません。データリンク層、ネットワーク層レベルの通信は ping が成功しているので、問題ないと思います」

「高輪営業所の場合はね。でも、ここに運ばれた PC はもともと本社にあった。

本社の場合、インターネットへの経路は営業所と異なるぞ」

「おっしゃるとおりですが、基本的な構成は同じだったような……」

そう言って成子は、持っていたファイルの中から、本社のネットワーク構成図を改めて開いてみた。

「階層はたしかに本社の方が複雑ですが、それが原因とは……。あっ、もしかして、プロキシサーバー？」

「そう。本社の場合、インターネットへの通信はプロキシサーバーを経由している。だから、本社の PC は全部、『プロキシ サーバーを使う』が『オン』に設定されているんだ」

「その設定が残っていたとすると、本社のプロキシサーバーには高輪営業所から接続できないので、インターネットに接続できないのですね」

そう答えた成子に服部が大きくうなずく。成子はさっそく田中にプロキシサーバーの設定を確認してもらった。

「やっぱりそうですか。今の営業所の環境では、プロキシサーバーを使用していません。ですから、『プロキシ サーバーを使う』を『オフ』に変更してください」

今度こそうまくいくはず。成子は強く願った。

受話器から、田中の明るい声が聞こえてきた。

「剣持さん、インターネットにつながりました！　ありがとうございます」

田中からの感謝の言葉が電話を通じて成子に伝えられた。

「いえいえ、こちらこそ。無事につながってよかったです」

成子はそう言って笑顔で電話を切った。

「主任、無事につながりました !!!」

成子は、トラブルが解決したことを服部に報告するとともに、ネットワークにつながる喜びに酔いしれていた。

ネットワークの仕事の醍醐味

ネットワークの仕事の醍醐味は何でしょうか。その1つは、「ネットワークをつなげることができる」ことだと思います。2004年というかなり昔の話になりますが、私はお客様企業において、日本と韓国、中国、台湾の4拠点をインターネットによるVPNで接続し、TV会議システムも併せて導入しました。今では海外とTV会議するのは当たり前のことですが、当時はADSLというアナログ回線が主流だった時代です。私もお客様にとっても画期的なネットワーク構築でした。

各拠点がつながった瞬間、お客様からは、「おーすげー」、「つながった！」などという喜びの声が飛び出しました。その後、「おーい」と笑顔で手を振る姿、「このシステムがあったら、海外出張できないじゃん。困ったなー」などという笑い声も含めて、お客様がTV会議システムを通じて異国間で楽しそうに歓談をされていました。その姿を今でもハッキリと覚えています。ネットワークを構築できたことに、私自身、非常に大きな喜びを感じました。

ではここで、全国20〜59歳のシステムエンジニア103人を対象にした独自のアンケート結果を紹介します。質問は、「SEをやっていて、うれしいと感じたエピソードを教えてください」。アンケートはネットワークのシステムエンジニアに限ってはいません。ですが、ネットワークに携わる仕事においても、通じるものがあると思います。

アンケートは自由記述でしたが、代表的な意見ごとに整理すると以下になりました。

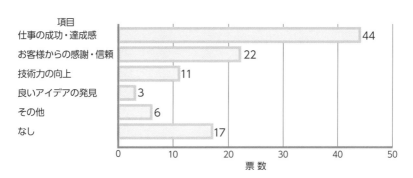

私が海外のインターネット VPN を構築したとき、1 つ目にある「仕事の成功・達成感」、2 つ目の「お客様からの感謝・信頼」を得ることができました。加えて、私自身が初めて海外との VPN を設定しましたので、3 つ目の「技術の向上」も得ることができました。

仕事をしていると、理不尽なことやつらいこと、逃げ出したくなることも多々あります。ですが、こういう仕事の醍醐味があるからこそ、日々頑張れるものです。アンケート結果の中には、「うれしかった」生のエピソードとして、「お客様から感謝された（38 歳男性）」「あなたのおかげでいいシステムができたと言われた（29 歳女性）」「ユーザさんに喜んで使ってもらえた（45 歳男性）」などがありました。お客様からの感謝の言葉は、すべての嫌な気持ちや苦労を吹き飛ばしてくれます。自らの腕を磨き、プロのエンジニアとしてネットワークをつなぐというミッションをやりとげ、そして、お客様に喜んでもらう。それが、ネットワークの仕事の醍醐味だと思います。

8章

無線LAN

無線LANの接続が安定しない！

「はい、わかりました。お伺いするようにします」

この日も成子は営業所からの電話にハキハキと対応し、電話を切った。

「服部主任、埼玉営業所の鈴木さんからですが、無線LANの通信がよく切れるそうです。通信が不安定というか……」

「おかしいな。埼玉営業所には無線LANを導入していないはずだけど、誰が無線LANを設置したの？」

「わかりません。でも、電話で話をした感じだと、設置したのはおそらく鈴木さんだと思います」

「営業の鈴木さんか。あの人、ITのことは詳しくないから心配だなぁ」

鈴木の名前を聞いて、服部の表情が曇った。

「鈴木さんは以前、何か問題でも起こしたのですか？」

「かつて、鈴木さんの所属した営業所が勝手に通信回線を敷設してインターネットに接続し、情報漏えい事故を起こしたんだ。セキュリティ対策を何も施していなかったことが原因だったんだけど、当時、トラブル対応に追われて大変な思いをした。ネットワーク機器を設置したり、ネットワーク構成を変えたりする場合、まずは情報システム部門に相談してほしいと各部門には伝えてあったんだが……」

（以前のトラブルを思い出したのかな？）

服部の声が怒りを含んでいることは成子にも伝わってきた。

「無線LANは便利だけど、セキュリティ面で気をつけなければいけないことも多いから……。よし、僕も一緒に行こう」

服部は立ち上がってスーツの上着を着た。

（服部主任、埼玉営業所でケンカを始めなきゃいいんだけど……）

成子は、そんなことを考えながら服部と埼玉営業所に向かった。

埼玉営業所は賃貸オフィスビルの中にあり、社員3人と事務を担当するパートの女性1人の小さな営業所である。部屋は、社員が業務をする事務室と来客室の2つだけである。

成子と服部が到着すると、営業所の鈴木が笑顔で来客室に案内した。

「ごめんなさいねー。勝手に無線LANを設置してしまって」

情報システム部門にまずは相談するという社内ルールがあることを、鈴木も覚えていたのだろう。それをせずに自分たちでネットワーク構成を変えてしまったので、先手を打って、鈴木の方から詫びてきたに違いない。

「いえいえ、無線LANのニーズがあれば、我々情報システム部が対応すべきところです。お忙しい中、お手を煩わせてしまって申し訳ありませんでした」

服部は先ほどの怒りを抑えて、穏やかな口調で応対した。情報システム部の意見を一方的に押しつけるだけでは物事はうまく動かない。こういう対応を見ることも、成子にとっては貴重な経験になる。

「現在の状況を教えてください」と服部が鈴木に尋ねた。

「家にあった古い無線LANルーターをスイッチングハブに接続して、来客室でも社内LANに接続できるようにしました。そうしたら、何も設定せずにうまく接続できたので、そのまま使っています」

「なるほど。その無線LANルーターは、この来客室ではなく、事務室に設置

されましたか？」

「はい、そうです」

服部は鈴木の話を聞いて、ネットワーク構成を手帳にメモした。

「ルーターが古いのが原因かもしれませんが、通信が遅いですし、よく切れるんです。とてもイライラします」

「複数の電波が影響しあっている可能性が高いですね」

そう言って服部はノートPCを取り出し、専用のアダプターをつけた。

「それは何の機器ですか？」と成子が尋ねる。

「無線LANの電波自体は、自分宛てのもの以外も届く。しかし、通常の無線LANアダプターは、自分宛てのフレームしか受け取らない。ほかの機器同士の通信をキャプチャーするには、自分宛て以外のフレームを受信できる機能を持つ無線LANアダプターが必要なんだ」

さらに服部は、なにやら不思議なアプリケーションを起動し、電波状況を確認し始めた。

「となると、他人に盗聴されることもあるということですか？」

「ありうる。実際、ここの通信は暗号化されていない」

「え、本当ですか？」

営業所の鈴木は驚いた表情を見せる。

「やはり素人の私が設定すると穴だらけですね……。申し訳ございません」

「いえいえ、セキュリティ設定を含めて、すぐに見直させてもらいます」

ケンカをするかと思った成子の心配をよそに、服部は冷静に対応した。

「是非お願いします」

鈴木が深々と頭を下げた。

「剣持さんも一緒に無線LANの学習をしながら直していこう」

無線LAN

無線LANとWi-Fi

無線**LAN**は、LANケーブルを使用せず、電波によってデータを送受信するLANです。ケーブルを使った有線LANと同じように、データリンク層と物理層で動作します。

無線LANを構築するには、PCやスマートフォンなどの機器側に、無線LANアダプター（または無線LANカード）と呼ばれる装置が必要です。最近は、ほとんどのノートPCやスマートフォン、タブレットに無線LANアダプターが内蔵されています。そして、無線通信を中継する機能を持ったアクセスポイントという機器をスイッチングハブに接続します。

無線LANの接続構成イメージを、次の図に示します。

《無線LANの構成イメージ》

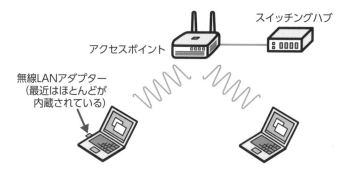

スイッチングハブ

アクセスポイント

無線LANアダプター
（最近はほとんどが
内蔵されている）

ワイファイ
Wi-Fi って言葉もありますよね？

そう。無線 LAN のことを Wi-Fi と呼ぶことがある。同じものと考えていいだろう。

　Wi-Fiの本来の意味は、アメリカの業界団体である Wi-Fi Alliance が相互接続性を認定した機器に対して提供したブランド名ですが、現在は無線LANと同義でも使われています。

2 無線LANの周波数帯と規格

周波数帯

　電波は、無線LANに限らず、ラジオ、携帯電話、タクシーの無線など、さまざまな用途で使われています。

　電波は、その名のとおり「波」の一種で、一番高いところから一番低いところまで徐々に沈み込み、再び一番高いところまで戻ってくるという動きを繰り返します。このような波が1秒間に何回繰り返されたのかを表す数値が**周波数**で、単位にはHzが用いられます。電波の周波数の連続した範囲は**周波数帯**と呼ばれ、その上限から下限を引き算した幅のことを**帯域幅**といいます。

《周波数とは》

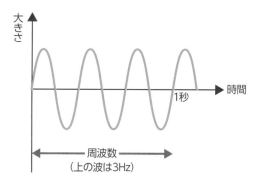

　周波数帯が同じ場合、電波が互いにぶつかりあって正常な通信を行うことができません。そこで、総務省が用途ごとに使用できる電波の周波数帯を決めており、個人や企業が勝手に電波を利用できないようになっています。

《用途に応じた周波数帯の違い》

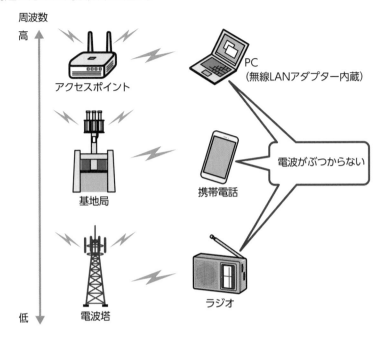

　無線LANで利用できる周波数帯は、2.4GHz帯（2.4～2.497GHzの範囲の電波）と5GHz帯（実際には、5.2GHz帯、5.3GHz帯、5.6GHz帯の3つに分けられ、それぞれ5.15～5.25GHz、5.25～5.35GHz、5.47～5.73GHzの範囲の電波）の2つです。

無線LANの規格

　有線LANにおいては、イーサネットという規格があることを紹介しました。無線LANにおいても、通信の方式や周波数帯などを定めた規格があります。無線LANの規格は、ＩＥＥＥ（Institute of Electrical and Electronics Engineers：米国電気電子技術者協会）という団体が取りまとめており、次の表に示すように複数あります。

《無線LANの規格》

規格	周波数帯	最大伝送速度	策定された年
IEEE 802.11b	2.4GHz	11Mbps	1999 年
IEEE 802.11a	5GHz	54Mbps	1999 年
IEEE 802.11g	2.4GHz	54Mbps	2003 年
IEEE 802.11n（Wi-Fi 4）	2.4GHz/5GHz	600Mbps	2009 年
IEEE 802.11ac（Wi-Fi 5）	5GHz	6.9Gbps	2014 年
IEEE 802.11ax（Wi-Fi 6）	2.4GHz/5GHz	9.6Gbps	2019 年
IEEE 802.11ax（Wi-Fi 6E）	2.4GHz/5GHz/6GHz	9.6Gbps	2021 年

　これを見ると、規格が新しくなるにつれて、最大伝送速度が飛躍的に向上していることがわかります。

　Wi-Fi 4など、括弧書きした名称は何かというと、たとえばIEEE 802.11nやIEEE 802.11acといわれても、どちらが最新の規格なのかがピンと来ません。そこで、無線LANの規格の世代をわかりやすくするために、Wi-Fi AllianceがWi-Fi 4、Wi-Fi 5、Wi-Fi 6という数字表記を導入しました。携帯電話の通信規格が3G、4G、5Gなどと数字で世代（generation）を表すのと同様に、4、5、6の数字は世代を表し、数字が大きい方が新しい規格です。

　なお、IEEE 802.11a/bよりも前に、IEEE 802.11という規格（周波数帯2.4GHz、最大伝送速度2Mbps）が策定されており、これが第1世代となります。IEEE 802.11a/bは第2世代に、IEEE 802.11gは第3世代に分類されます。

8章

無線LAN

3 電波干渉

無線LANの電波干渉

　無線LANは、LANケーブルを敷設する必要がないので、有線LANに比べて構築は簡単です。しかしその反面、複数の電波がぶつかりあい、お互いに影響を及ぼす**電波干渉**が発生することがあります。それにより、通信速度が落ちたり、最悪の場合、通信が切れたりすることがあります。

どういう場合に電波干渉が起きるのでしょうか？

異なる機器から同じ周波数帯の電波が同時に出ている場合だね。さっき説明したように電波も波の一種なんだけど、電波干渉は波の性質に起因して起きるんだ。

　2人で同時に声を発したとき、お互いの声はある程度聞き分けることができます。それは、2人の声の周波数が若干違うからです。

　では、同じ周波数の波が2つ出ている場合はどうでしょうか。次の図は、周波数が同じ波をずらして重ね合わせた場合（図❶）と、周波数が異なる波を重ね合わせた場合(図❷)の違いです。

《波を重ね合わせた様子》

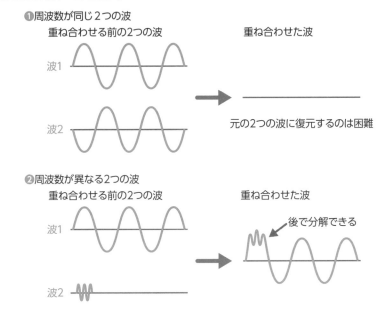

❶周波数が同じ2つの波

重ね合わせる前の2つの波　　　　重ね合わせた波

波1

波2　　　　　　　　　　　　　　元の2つの波に復元するのは困難

❷周波数が異なる2つの波

重ね合わせる前の2つの波　　　　重ね合わせた波

波1　　　　　　　　　　　　　　　　　後で分解できる

波2

　図❶の場合、波のずれ具合によっては2つの波が打ち消しあうことがあり、そうなると重ね合わせた波から元の波を復元することはできません。一方、図❷の場合、2つの波を重ね合わせたとしても、周波数が違うので、元の2つの波を復元することができます。

　2.4GHz帯と5GHz帯の2つの周波数帯の中で、特に干渉を起こしやすいのが2.4GHz帯です。2.4GHz帯はISMバンド（Industrial Scientific and Medical band）と呼ばれ、文字どおり、産業（Industrial）や科学（Scientific）、医療（Medical）の分野で使われる周波数帯です。電子レンジや工場の機械、監視カメラなどでも利用される電波なので、無線LANの電波と干渉を起こしやすいのです。

チャンネル

　周波数帯を変えれば、電波干渉を防ぐことができます。たとえば、2.4GHz帯を使った通信と5GHz帯を使った通信であれば、電波が互いに干渉することはありません。

そうすると、2.4GHz帯を使った1つの通信と5GHz帯を使った1つの通信の2つしか同時に行えないのですか?

いや、そんなこともない。同じ周波数帯の電波が2つ出ていても、一方の電波が届かないくらいお互いの距離が離れていれば、干渉はしない。また、2.4GHz帯や5GHz帯を複数の周波数帯に分割することで、電波干渉が起きないようにすることもできるんだ。

　分割された周波数帯のことを**チャンネル**(またはチャネル)と呼びます。たとえば、IEEE 802.11gやIEEE 802.11nなどで利用される2.4GHz帯の場合、1から13(機器によっては14)までのチャンネルがあります(以下、個々のチャンネルを1〜14chと表現します)。その中で、たとえば1chは2.412GHzを中心に約0.02GHzの幅の周波数帯を使います。同様に、2chは中心が2.417GHz、3chは中心が2.422GHz……と決められています。すると、次の図にあるように、1chと6ch、11chは周波数帯が異なるので、同時に利用しても電波が干渉しません。

　2.4GHz帯を使うIEEE 802.11gの規格で通信する場合、最大伝送速度は54Mbpsです。ですが、1ch、6ch、11chの3つのチャンネルを使うことで、54Mbpsの通信を同時に3つ行うことができます。

《2.4GHz帯のチャンネル》

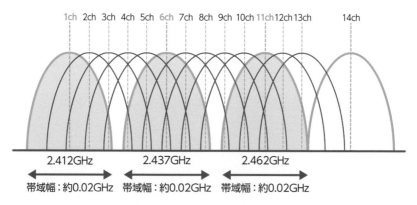

2.4GHz 帯の場合、同時に使えるチャンネルは実質的に 3 つしかないんですね。

そう。14ch に対応した機器であったとしても、最大 4 つしか同時に使えない。一方、5GHz 帯は、もっと多いんだ。

　5GHz帯の場合は、屋外で使えるものとそうでないものの制限はありますが、帯域幅が2.4GHz帯よりも広いため、最大で同時に19チャンネルが使えます。したがって、同時にたくさんの通信を行えることになります。

電波調査

　無線LANで安定した通信をするためには、電波が干渉しないようにすることが求められます。ですが、電波は目に見えないため、どの周波数帯の電波が飛んでいるのかは知覚できません。たとえ社内に無線LANが構築されていないとしても、電波の発生源は自社内だけとは限らないため、複数のオフィスが入居しているビルなどにおいては、知らない間に隣の会社の電波が漏れている場合があります。社内に無線LANを構築する際には、その電波も干渉の原因になります。

　そこで、飛んでいる電波を可視化できる機器およびソフトウェアを用いて、電波調査（サイトサーベイ）を実施します。専用のソフトウェアを使えば、どの周波数帯のどのチャンネルの電波が、どれくらいの強さで飛んでいるかを数値で確認することがきます。

　電波調査によって、たとえば、以下のことを把握することができます。

・電波を発信している監視カメラや精密機器など、干渉波の存在の調査
・アクセスポイントの設置状況の把握（不正なアクセスポイントや他社のアクセスポイントの設置状況を含む）
・電波の強さの確認（どれくらい遠くまで電波が届くのか、壁や障害物によってどれくらい電波が弱くなるかなど）

・セキュリティ対策が不十分な無線LAN通信の確認[1]

　このような調査は、干渉波を避けるだけでなく、アクセスポイントをどこに何台くらい設置したらいいかの判断材料としても活用することができます。

※1　一般的な電波調査ツールは、通信が暗号化されているかを判断する機能も有しています。

8 - 4 無線LANの設計

SSIDとVLAN

SSID（Service Set IDentifier）とは、複数の周波数の電波が飛び交う空間で、特定のアクセスポイントを識別するためのID（文字列）です。

以下は、あるPCで、電波を受信できたアクセスポイントの一覧を表示した様子です。「Buffalo-A-B638」「93215347-5G」などの文字が表示されていますが、これらがSSIDです。

なお、この一覧画面には、アクセス権限のないアクセスポイントも表示されてしまう点に注意してください。

《PCに表示される接続可能な無線LAN》

たくさん表示されてますね。私も、カフェや駅などの公共の場で Wi-Fi に接続しようとすると、とてもたくさんの SSID が表示されるのでいつも驚きます。

たしかに、駅などではかなりの数の電波が飛んでいるからね。そして、これらの電波の中で、選択した SSID と同じネットワークに参加できるんだ。

　SSIDは、ネットワークを識別するためのIDとしても機能します。ですから、SSIDが異なれば、ネットワークのセグメントも異なります。

　アクセスポイントの中には複数のSSIDを設定できるものがあります。企業でこの機能を活用すれば、アクセスポイントが1つしかなくても、複数のSSIDを設定して、ネットワークを仮想的に分けることができます。

　例として、以下の図を見てください。人事部（10.1.10.0/24、VLAN10）と総務部（10.1.20.0/24、VLAN20）の2つのネットワークがあります。アクセスポイントには、人事部用に「jinji」というSSIDと、総務部用に「soumu」というSSIDを設定します。それぞれのSSIDをVLAN10とVLAN20に対応させることで、無線LANであってもVLANによる仮想ネットワークを構築することができます。

《SSIDでネットワークを仮想的に分ける》

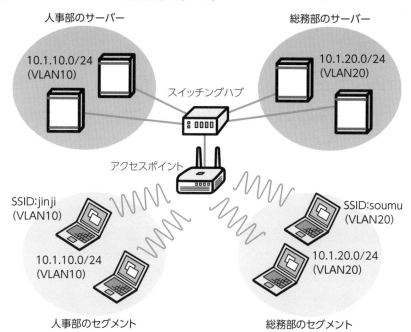

人事部のサーバー　　　　　　　　　　　総務部のサーバー

10.1.10.0/24　　　　　　　　　　　　10.1.20.0/24
(VLAN10)　　　　　　　　　　　　　　(VLAN20)

スイッチングハブ

アクセスポイント

SSID:jinji　　　　　　　　　　　　　　SSID:soumu
(VLAN10)　　　　　　　　　　　　　　(VLAN20)

10.1.10.0/24　　　　　　　　　　　　10.1.20.0/24
(VLAN10)　　　　　　　　　　　　　　(VLAN20)

人事部のセグメント　　　　　　　　　　総務部のセグメント

ネットワーク環境

部署	セグメント	VLAN	SSID
人事部	10.1.10.0/24	10	jinji
総務部	10.1.20.0/24	20	soumu

8-5 無線LANとセキュリティ

なぜセキュリティ対策が必要か

　無線LANは、ケーブルを物理的に接続する必要がなく、電波の届く範囲ならどこでも通信が可能です。しかし、その便利さの裏返しとして、悪意のある人に不正に接続されるリスクがあります。たとえば、通信を盗聴されたり、社員になりすました人にネットワークに不正に接続されたりするおそれです。

　そのため、無線LANを構築する際にはセキュリティ対策が欠かせません。具体的には、通信を暗号化したり、利用者が正規の利用者かどうかを確認し、不正な利用者を接続させないための認証を行ったりすることが求められます。

無線LANのセキュリティ方式

　無線LANのセキュリティ方式には、WEP、WPA、WPA2、WPA3などがあります。

　1997年に登場したWEPは、RC4という暗号化アルゴリズムを使います。WEPの代替として策定されたWPAも、暗号化アルゴリズムにはRC4を使っていました。しかし、RC4にはすでに攻撃手法が見つかっており、専用の解読ツールを使えば、RC4による暗号は簡単に解読できてしまいます。そこで、時代とともに仕組みが改良され、AESという非常に強固な暗号化アルゴリズムを使ったWPA2やWPA3が登場しました。

　無線LANのセキュリティ方式は時代とともに改良されてきたため、最新の方式を選択することが求められます。WPA3は2018年6月に発表された規格ですが、今後も安全性を高めた新しい方式が登場する可能性があります。その都度、新しい規格に対応した機器への入れ替えと、新しいセキュリティ方式への変更を検討しましょう。

パーソナルモードとエンタープライズモード

通信をしたい人とだけ無線LAN通信を行うためには、通信相手を認証する必要があります。たとえば、わかりやすい認証方法として、皆さんにとって馴染みの深いパスワードがあります。パスワード認証の方法には、無線LANの利用者一人一人に異なるパスワードを設定して個別に認証する方法と、無線LANに共通のパスワードを設定して複数の利用者で共有する方法があります。

無線LANのWPA/WPA2/WPA3でも大きく2つの認証方式があり、複数の利用者で同じパスワード（事前共有鍵といいます）を使うパーソナルモードと、認証サーバーを使って一人一人が異なるパスワードで認証するエンタープライズモードの2つがあります。

●パーソナルモード

パーソナルモードでは、半角の英数・記号の文字列で構成された事前共有鍵を使って認証します。事前共有鍵として、アクセスポイント側で設定した値と、利用者側で設定した値が一致するかを確認します（図❶）。一致すれば、無線LANの通信を行うことができます。

WPA/WPA2のパーソナルモードは、WPA-PSK、WPA2-PSKとも表記されます。PSK（Pre-Shared Key）は、事前共有鍵という意味です。WPA3では、事前共有鍵をより安全にやり取りできるSAE（Simultaneous Authentication of Equals）という技術を使用しているため、WPA3-SAEと表記されます。

パーソナルモードでは、利用者が全員同じ事前共有鍵を使いますから、セキュリティ面で劣りそうですね。

そのとおり！　利用者が全員知っているから、ほかの人にも知られやすくなるからね。正規の利用者でなくても、知りうる可能性が高まるということだ。

パーソナルモードは、セキュリティ面で万全とはいえません。事前共有鍵が外

部に知られてしまうと、不正な第三者もネットワークに侵入することができるからです。ですが、認証サーバーが不要で、設定も簡単です。家庭内の無線LANや、駅やカフェなどで無線LANを提供するサービスである公衆無線LANなどで広く利用されています。

●エンタープライズモード

　機密データを扱う企業の場合は、セキュリティが強固なエンタープライズモードを推奨します。**エンタープライズモード**では、デジタル証明書（本人であることを証明するための電子的な証明書）を使うことで、セキュリティを高めます。また、パスワードとデジタル証明書を併用して認証する場合にも、パスワードは利用者単位で異なるものを使います（図❷）。パーソナルモードのように、利用者全員で共通の事前共有鍵を使うようなことはしません。

　エンタープライズモードは、認証機能を拡張（extensible）したという意味でEAP（Extensible Authentication Protocol）という文字を付与し、WPA3-EAPとも表記されます。

《パーソナルモードとエンタープライズモードの仕組み》

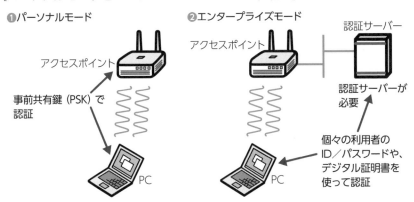

❶パーソナルモード

アクセスポイント

事前共有鍵（PSK）で認証

PC

❷エンタープライズモード

アクセスポイント

認証サーバー

認証サーバーが必要

個々の利用者のID／パスワードや、デジタル証明書を使って認証

PC

解決 » 周波数帯の変更

服部は、成子に PC の画面を見せた。

「これは、電波調査のソフトウェア。飛び交っている電波が可視化されるんだ」

「あ、本当ですね。SSID が見えますし、無線 LAN の規格である a や g などの表記も見えます」

「それと、電波がどれくらいの強さで飛んでいるのかもわかる」

服部が画面を指差しながら説明した。成子は画面をじっくり見ながら電波を確認した。画面には電波の大きさがリアルタイムに図示されている。

「一番強い電波が 11g の規格でチャンネルは 6、SSID が WLAN-defalut というものですね」

成子の話を聞いて、鈴木が驚きの表情を見せながら次のように言った。

「お二人ともすごいです。たしかに、私が PC で接続するときには、WLAN-defalut という SSID に接続しています」

「鈴木さん、これを見てください」

そう言って服部は鈴木に画面を見せた。

「この事務所の WLAN-defalut という SSID の電波ですが、画面を見ると、鍵マークがありません。つまり、通信が暗号化されていないということです。ツールを使えば通信を盗聴することができます。後で対処しましょう」

「はい、お願いします」

「パッと見た感じ、10 個くらいの SSID が見えますが、これだけの電波が飛んでいるんですか？」と成子が服部に尋ねた。

「そうだね。ここはオフィスビルの一室なので、ほかの会社の電波も飛んでいるし、個人が持っているスマホや無線 LAN ルーターなどの電波も入ってくる。この状態だと、ほかの電波と干渉して通信が遅くなったり、場合によっては切れたりする」

「じゃあ、電波調査をして、ほかの人が使っていないチャンネルを使うように

すべきですね」

「お！　無線 LAN を学習した成果が出てきたな」

そう言われて成子は得意げな表情になった。

「ただし、鈴木さん。今は 2.4GHz 帯の電波を使われていますが、チャンネルを変えても、電波状況の改善には限界があります。というのも、飛んでくる電波は無線 LAN ルーターのものだけではないからです」

「そうなんですか？」

どうやら鈴木はまだわかっていないようだ。

「コンコン」

3 人の会話の途中でドアをノックする音があり、事務員らしき女性がドアを少し開けた。

「鈴木さん、お取り込み中のところ申し訳ございません。営業所長が相談したいことがあるそうです。メールを見てほしいとのことです」

「わかりました」

「それと、12 時になりましたので、今から昼休憩に入らせてもらいます」

そう言って女性はドアを閉めた。

「皆さん、お昼はどうされます？　ご一緒しますか？」

鈴木が服部と成子に確認した。

「あ、せっかくなので、ご一緒させてください」

「近くにおいしい蕎麦屋があるんです。でもその前に、営業所長のメールだけ処理させてください」

そう言って鈴木は自分のノート PC でメールを確認した。

「あれ？　メールサーバーに接続できない。インターネットもだ」

鈴木はイライラした表情を見せた。

服部はそれを聞いて、電波調査ツールの画面をのぞき込んだ。そこには、今までなかった大きな電波が、複数のチャンネルにまたがって広がっている。

「これを見てください。異常な電波が届いています。これでは無線 LAN に接続できません」

そう言って服部は鈴木に画面を見せた。

しばらくすると、遠くで「チン」という音がする。

「原因はあれです。さっきの女性が電子レンジを使ったのでしょう」

「電子レンジが電波を出すのですか？」と鈴木。

「はい、そうです。しかも強力な電波を出します。2.4GHz帯は、無線LAN以外にも電子レンジや監視カメラなど、いろいろな機器で使われているので、電波干渉が発生しやすいのです。無線LANの電波としては5GHz帯を使いましょう」

「なるほど。素人の私が勝手にネットワークを設定するもんじゃないですね。今後は情報システム部に相談します」

「ありがとうございます。新しい機器を準備しますので、設定まで実施します。設定手順はマニュアル化し、電波調査結果も含めて資料にまとめさせてもらいます」

「ありがとうございます！」

「じゃあ、剣持さん、頼んだよ」

服部は成子の耳元で囁くように言った。

成子は一瞬、「え、私ですか？」と驚きの表情を見せたが、信頼して仕事を任せてくれたことがうれしかった。無線LANの設定はしたことがない成子であったが、電波調査、アクセスポイントの設定、ノートパソコンの設定など、たくさんのことが勉強できる。

「はい、喜んでやらせてもらいます！」

成子はにこやかに返事をした。

目に見えない電波が可視化されている。すごい！

column

屋外での無線LAN利用

ホテルや街中のカフェ、空港や駅など、さまざまな場所で公衆無線 LAN サービスが提供されています。会員限定の有料のものもあれば、無料で使えるものもあります。最近では電源が完備されているカフェや公共施設もあり、無料で無線 LAN に接続できる環境というのは、忙しいビジネスマンにとって、ありがたい仕事場のひとつともいえるでしょう。

気になるのが屋外での無線 LAN のセキュリティです。

無料の無線 LAN サービスといえど、セキュリティ対策が施されている場合がほとんどです。カフェに入ると、専用の SSID と事前共有鍵を教えてもらえます。つまり、本編で解説した WPA/WPA2/WPA3 のパーソナルモードによってセキュリティが保たれ、通信が暗号化されます。

ですが、公衆無線 LAN のパーソナルモードは必ずしも安全とはいえません。会社の中と違って、屋外は社外の人ばかりですし、不正を働く人が隣にいる可能性だってあります。そんな不正を働く人とも同じ事前共有鍵を使って、同じネットワークに接続しているのです。しかも、WPA/WPA2 パーソナルモードの場合は、専用のツールを使ってひと工夫すると、暗号を解読して他人の通信を盗聴できてしまうという弱点（脆弱性といいます）があります。

この点は、WPA3 では改善されています。ですが、WPA3 のパーソナルモードでも、セキュリティの脆弱性がいくつか発見されていて、セキュリティが万全と言い切れる状態ではありません。

では、どうしたらいいのでしょうか。1 つは、無線 LAN の暗号化に加えて、アプリケーション層で暗号化をすることです。詳しくは 6 章で解説しましたが、インターネットを閲覧する際には、通信を暗号化する HTTPS を使ったサイトにのみ接続します。最近ではほとんどのサイトが HTTPS に対応していますが、HTTP でしか通信できないサイトも残っています。URL を見て、HTTP のサイトであれば、接続しないようにします。同様に、メールを送受信するときも、データを暗号化しない SMTP は使わずに、HTTPS で暗号化されている Web メールを使うか、TLS で暗号化されたプロトコルを使います。

ですが、一番いいのは、アカの他人がいる駅やカフェなどのオープンな場所で、PCを操作しないことです。企業の機密情報やクレジットカード情報の入力はもちろん、個人情報やパスワードなどの入力も避けるべきです。仮に無線 LAN で盗聴されなかったとしても、背後から情報を盗み見られる可能性があります。覗き見防止フィルターをつけていたとしても、完全に防げるわけではありません。大量のデータを覗き見ることはできなくても、パスワードなどであれば、わずかな時間で盗み見られるおそれがあります。PC を盗まれたり、置き忘れたりするリスクだってあります。一方、企業内の場合、電波が外部に漏れないようにした状態で、WPA3 のエンタープライズモードを使っていれば、セキュリティ面でのリスクは高くありません。もちろん、セキュリティのリスクはゼロではありませんが、それは、有線 LAN を使った場合でもセキュリティのリスクがゼロにはならないのと同様です。

無線 LAN を使っていつでもどこでもインターネットに接続できるのはとても便利です。私も原稿が行き詰まったときに、カフェでおいしいケーキなどを食べながら外の空気に触れると、いい気分転換になります。ただ、そんなときも、外でパソコンを広げる場合は、インターネットでの調べものなどを中心にして、機密情報を扱わないようにしています（私の原稿が機密情報にあたるかというと、あたらないとは思いますが……）。皆さんも、社外で無線 LAN を利用される場合は、十分にご注意いただきたいと思います。

9章

ネットワーク
の
冗長化技術

トラブル 9

負荷分散装置がうまく動かない！

この日も、情報システム部の電話が鳴った。

「はい。情報システム部の剣持です」

「わかりました。負荷分散装置を導入されたんですね。でも、負荷分散されない。はい、わかりました。すぐに行きます」

電話を切った成子に、服部がすぐに話しかけた。

「負荷分散装置を導入したのか？」

「そうなんです。製品工場には委託先との受発注を管理するシステムがあるんですが、このシステムの中核を担う Web サーバーの負荷が高いそうで、Web サーバーを複数台にするのと同時に、負荷分散装置を導入したそうです」

「なるほど、負荷分散装置を導入すれば、複数の Web サーバー宛ての通信を振り分けることができるからね」

「でも、負荷分散がされていないらしいんです」

「そうか。実際の状況を見ないと、なんとも言えないな」

「はい。なので、まずは行ってきます」

「僕は別のトラブルで手が離せないんだ。剣持さんもだいぶ成長してきたことだし、今回は任せてもいいかな？」

「了解しました」

成子は PC などをカバンに入れ、製品工場に向かった。

製品工場では成子が到着するのを待ち構えていた。そして、担当の青木は続けて状況を説明した。

「簡単に図を描くと、こんな感じです」

青木は概略図を描きながら、成子に説明した。

「Web サーバーは 2 台です。委託先に協力してもらい、3 台の PC から通信テストをしています。振り分け方式は、送信元の IP アドレスによる振り分けです」

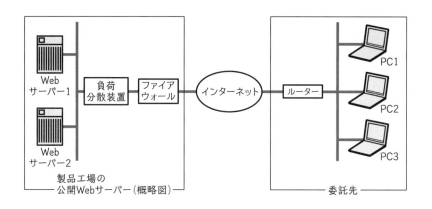

製品工場の
公開Webサーバー（概略図）

委託先

「なるほど。でも、2つのサーバーに振り分けがされないのですね？」

「そうなんです」

「負荷分散装置の設定におかしいところはないんですね？」

「はい、きちんと調べて設定しているので、やり方は間違っていないと思います」

青木の言い方だと、設定は間違ってなさそうである。

成子は、負荷分散装置の設定を見るが、そもそも、負荷分散装置の仕組みがよくわかっていない。

成子はすぐに服部に電話をかけた。

「服部主任、助けてください。私、そもそも負荷分散装置の仕組みがわかっていないのです」

「仕組みっていうほどのものでもないさ。サーバーを冗長化するために、負荷を振り分けているだけだろう」

「冗長化って何でしたっけ？」

「うーん、そこでつまずいたか……。まずは『冗長化』の意味を説明するところからだな」

9章

ネットワークの冗長化技術

1 冗長化とは

冗長化とは

　ここでは、ネットワークの冗長化の仕組みや技術について学習しましょう。

　まず、「冗長」という言葉の意味を押さえておきましょう。冗長とは、「無駄」とか「余分」という意味です。

　たとえば、ネットワーク接続用の回線や機器を2セット用意しておいて、片方に障害が発生した場合に、もう一方で接続を継続できるようにすることができます。これを二重化といいます。二重化している部分は、システムが正常に機能しているときには必要ないので、「余分」、つまり「冗長」といえます。しかし、これにより、トラブル発生時にネットワークが使えない時間を少なくする（つまり、使える時間が長くなり、これを［可用性を高める］といいます）ことができます。これが**冗長化**です。

> 無駄も悪くないっていうことですね。

> 悪くないどころか、とても重要なんだ。

　現代は、社会のほとんどの機能がコンピューターやネットワークに依存しているため、システムの停止は企業の信頼の失墜に直結します。銀行のATMや通販サイト、鉄道の運行システムが停止した場合を想像してみてください。大混乱になりますね。ですので、冗長性の確保は、セキュリティの確保と同じように、とても重要なのです。

冗長化技術

　次の表は、主要なネットワークの冗長化技術をまとめたものです。各冗長化技術はレイヤーごとに分類されていますが、それは対応しているレイヤーの技術を使って冗長化を実現しているためと考えてください。たとえば、ネットワーク層に分類されている冗長化技術には、複数のルーターを仮想的に1台に見せたり、ルーティングプロトコルを使って経路を冗長化したりするなど、ネットワーク層に関連する技術が活用されています。また、データリンク層に分類されている冗長化技術であれば、イーサネットの通信経路を複数にして冗長化するなど、データリンク層に関連する技術が生かされています。

　しかし、実際には、個々の技術が単一のレイヤーで機能するとは限らず、複数のレイヤーにまたがることもあります。たとえば、負荷分散装置は、負荷を振り分けるために、TCPのポート番号（トランスポート層）を使うこともあれば、ポート番号とIPアドレス（ネットワーク層）の組み合わせを使うこともあります。

《主要なネットワーク冗長化技術の例》

レイヤー	名称	冗長化技術	説明
第4層〜第7層	アプリケーション層など	負荷分散装置	負荷分散装置を使って、複数のサーバーに負荷を振り分けることでシステムが停止するのを防ぎ、冗長化する
第3層	ネットワーク層	VRRP	VRRPというプロトコルでルーターを冗長化する
		ルーティングによる冗長化	OSPFなどのルーティングプロトコルで通信経路を冗長化する
		DNSラウンドロビン	DNSの仕組みを使って、通信を複数のサーバーに振り分けることでシステムが停止するのを防ぎ、冗長化する
第2層	データリンク層	STP	スイッチングハブで、あえてループを作成して冗長化する
		リンクアグリゲーション	ネットワーク機器のケーブルを複数束ねて冗長化する
第1層	物理層	スタック	ネットワーク機器を物理的に1台に見せて冗長化する

＊この表に掲載したのは、冗長化技術のほんの一部です。これら以外にも、ディスクを冗長化するRAIDや、電源やファンの冗長化、データベースの冗長化など、さまざまな技術があります。

　次節からは、冗長化技術について、物理層から順に説明していきます。

2 スタック

スタックとは

　スタック（stack）という言葉は、「積み重ねる」という意味です。スイッチングハブの「**スタック**」とは、2台以上のスイッチングハブを積み重ねて、仮想的にあたかも1台のスイッチングハブであるかのように動作させる技術を指します。このとき、スイッチングハブ間は、専用のポートからスタックケーブルと呼ばれる専用のケーブルを使って接続する場合もあれば、LANのポートから光ケーブル等で接続して、特別な設定をする場合もあります。

　スタックは本来、スイッチングハブを冗長化する技術ではありません。スイッチングハブのポート数を柔軟に増減するための技術で、言い換えれば、スイッチングハブの機能を拡張するための技術といえるでしょう。ですが、後述するように、ほかの冗長化技術と組み合わせることで、非常に有用な冗長化技術になります。冗長化という観点から見ると、スタックはほかの冗長化技術と組み合わせて使うことが前提となります。

　では、具体例で見てみましょう。仮に24ポートのスイッチングハブ（次の図の#1）が1台あったとします。PCの台数が増えて、24ポートでは足りなくなった場合、24ポートのスイッチングハブ（図の#2）をもう1台接続します。図❶が2台を単にケーブルで接続した構成（スタックではない）で、図❷がスタックによる構成です。

《24ポートのスイッチングハブを2台接続する構成》

❶スタックではない構成

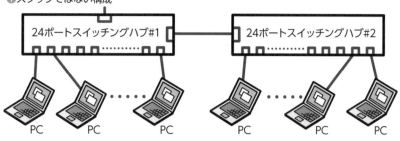

❷スタック構成

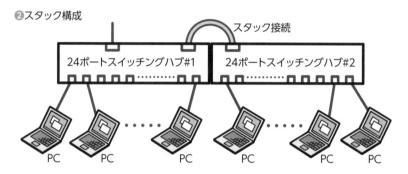

最初から48ポートのスイッチングハブにすればいいのではない
でしょうか？

その選択肢もあるね。でも、PCの増減によって使用するポート
数も変化する。48ポートで足りるという確証はないはずだ。

逆に、ポートが大幅に余ってしまうような状況であれば、せっかく48ポート
のスイッチングハブを導入しても、お金の無駄になってしまいます。そこで、ス
タックの技術です。この技術を使えば、接続するPCの数の増減に合わせてスイッ
チングハブも増減させ、柔軟にポート数を増やしたり、減らしたりすることがで
きます。

つまり、24ポートのスイッチングハブ2台をスタック接続することによって、

48ポートのスイッチングハブ1台が動作しているかのように機能を拡張することができます。スタックは本来、冗長化の技術ではなく、機能拡張の技術であると冒頭で解説したのは、この点が理由です。

　スタックのメリットは柔軟性だけではありません。先の図❶の構成であれば、それぞれのスイッチに設定を行い、IPアドレスを割り当てて管理する必要があります。一方、図❷のスタック構成にすると、仮想的に1台のスイッチになるため、設定も割り当てるIPアドレスも1台分で済みます。運用がとても簡単です。

　さらに、このスタック技術は冗長化にも利用できます。社内ネットワークの中心的な役割を果たすレイヤー3スイッチであれば、スタックと、ケーブルを冗長化するリンクアグリゲーションを組み合わせて使うことで、機器および通信経路の二重化（または冗長化）を実現することができます。スタック接続した機器は、1つの機器が故障したとしても、残りの機器だけで動作するからです。詳しくは、4節で解説します。

3 STP

ネットワーク経路のループ

　次に、データリンク層（レイヤー2）のネットワーク冗長化技術について学習しましょう。データリンク層の冗長化技術はいくつかありますが、初めに、イーサネットの通信経路を冗長化する技術として古くから利用されているSTPを取り上げます。

　3つのスイッチングハブが、下図の左側の構成で接続されているとします。このような構成のネットワークに対して、通信経路を冗長化するには、たとえば、SW2とSW3も直接接続し、SW1、SW2、SW3をループ（輪）状に接続する方法が考えられます。そうすれば、SW1とSW2を接続するケーブル、あるいはSW2とSW3を接続するケーブルのいずれかが切断されたとしても、通信経路は確保されるので、ネットワークを使えない時間が少なくなります。

　しかし、このような構成では、PC1がブロードキャストでフレームを送信すると、そのフレームを受信したスイッチングハブが次々とブロードキャストを繰り返すブロードキャストストームと呼ばれる状態になります。その結果、このネットワークを大量のブロードキャストが占有してしまい、ほかのフレームが送信できない状態になってしまうのです。

《ネットワーク経路のループ》

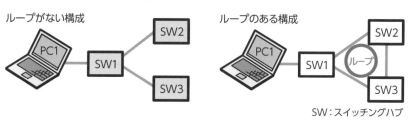

SW：スイッチングハブ

345

ネットワークをブロードキャストが占有するって、どういうことですか？

次の図を見ながら、詳しく解説しよう。

《フレームがループする仕組み》

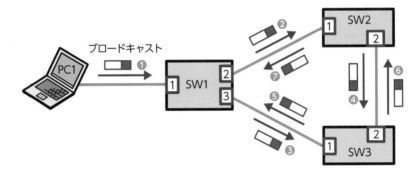

　PC1からSW1のポート1にARPのフレームを送信したとします（図❶）。このフレームはブロードキャストなので、フレームを受信したポート以外のすべてのポート（図のSW1のポート2、3）にフレームが転送されます。したがって、SW2とSW3にもこのブロードキャストフレームが届きます（図❷、❸）。

　SW2は、受信したポート1以外のすべてのポートにフレームを転送するので、SW3にもフレームを届けます（図❹）。SW3は、SW2から受信したフレーム（図❹）をSW1に（図❺）、SW1から受信したフレーム（図❸）をSW2に転送します（図❻）。SW2はSW3から受信したフレームをSW1に転送します（図❼）。

　こうして、同じところをフレームが無限に転送され続ける無限ループになると、最初はたった1つだったフレームの数が、どんどん増えていくのです。こうなると、フレームがネットワークを専有する状態になり、通信ができなくなります。

STPとは

STP（Spanning Tree Protocol）は、データリンク層のプロトコルです。ループ構成になった経路において、一部のポートにフレームが流れないようにブロックすることで、ブロードキャストストームを回避する仕組みを提供します。

次の図で説明します。スイッチングハブのSTP機能が有効になっている場合、まず、複数のスイッチングハブの中で、ルートブリッジと呼ばれる親の役割を果たすスイッチングハブを1台決めます（図ではSW1）。このルートブリッジがBPDU（Bridge Protocol Data Unit）というフレームをほかのすべてのスイッチングハブに流します。図のSW3を見てください。もし複数の経路からこのBPDUが届けば、ループが発生していることを検知できます。そして、ループ構成を検出すると、ポートを1つブロックします（図では、SW3のポート1）。ブロックされたポートはフレームを転送しないため、ループ構成が回避されます。

《SW3のポート1をブロック》

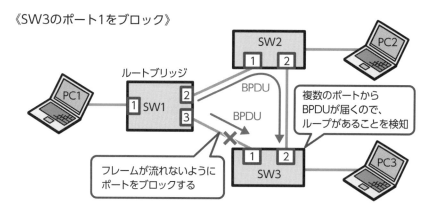

ブロックするポートは、どうやって決めるのですか？

たしかに気になるよね。実は、少し複雑なルールでブロックするポートが決められるんだ。

ここで詳しい解説はしませんが、考え方だけは理解しておきましょう。

STPでは、ネットワークの帯域を考慮して、最も影響が少ない経路のポートをブロックします。たとえば、ループしている経路上に100Mbpsと10Mbpsの2つのポートがあれば、帯域が狭い10Mbpsのポートがブロックされます。帯域が同じ場合は、スイッチングハブのMACアドレスや、設定した優先度などを基に、定められたルールでブロックされるポートが決まります。

ループとSTPを利用した冗長性の確保

STPの目的は、ループを回避するだけではありません。本章のテーマであるネットワークの冗長性を確保するためにも利用されます。

先ほどのSW1、SW2、SW3の構成を次の図で考えます。図にあるように、PC1とPC2、PC3はそれぞれ通信が可能です。

《ループのない構成でのPC1からPC2、PC3の経路》

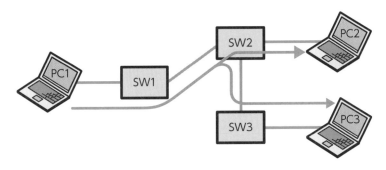

ここで、SW1とSW2を接続するケーブルが切断されたらどうなるでしょうか。もちろん、PC2やPC3と通信できませんよね。そこで、SW1とSW3を接続すれば、SW1 - SW2間で障害が発生しても迂回路を確保することができます。しかし、そのような冗長構成にすると、今度はループが発生してしまいます。ここで役立つのがSTPです。STPを設定することによって、冗長構成を維持しながらも、障害時に自動的に迂回経路に切り替えることができるのです。

《STPを設定することで迂回路ができる》

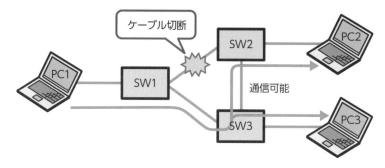

ケーブル切断

SW2

PC2

PC1

SW1

通信可能

SW3

PC3

4 リンクアグリゲーション

リンクアグリゲーションとは

　リンクアグリゲーション（link aggregation）は、複数のケーブルをグループ化して1つの論理的なリンクとして扱う技術で、通信経路を冗長化する技術のひとつです。aggregationは、「集合体」という意味です。

　実際には、各スイッチングハブで、複数のポートを1つのグループにまとめる設定をします。スイッチングハブはグループに所属するポートを1つのポートと認識するので、たとえば次の図では、4本のケーブルによる接続が1つの接続として扱われます。

《リンクアグリゲーションのイメージ》

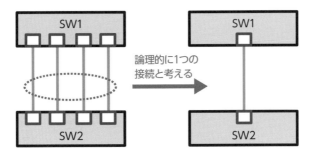

　主に、2台のスイッチングハブの間を接続する場合に利用されますが、サーバーなどのコンピューターとスイッチングハブの間で利用することもできます（サーバーのポートをまとめる技術はチーミングとも呼ばれます）。

　リンクアグリゲーションを設定する目的は、帯域の拡大と冗長化です。順に説明します。

●帯域拡大

　たとえば、1Gbpsのケーブルを4本束ねることで、4Gbpsの通信が可能になり

ます。

そんな面倒なことをせずに、10Gbpsで接続すればいいのではありませんか？

まあ、たしかにね。

　ですが、身近なスイッチングハブで、10Gbpsインターフェイスを持つものは多くありません。なぜなら、10Gbpsに対応しているスイッチングハブは高額だからです。また、多くの場合、10Gbps専用の接続コネクター（SFPやGBIC）や光ケーブルも必要で、それらも安くありません。

　リンクアグリゲーションの技術を使えば、安価な（または既存の）スイッチングハブとLANケーブルで帯域を拡大できる、つまり高速化できるのです。

●冗長化による信頼性向上

　複数のケーブルを束ねることで、1本のケーブルが切断されたとしても、残りのケーブルで通信が可能です。冗長化ができるので信頼性が向上します。

《リンクアグリゲーションの目的》

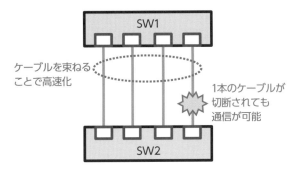

STPと比べたリンクアグリゲーションの利点

通信経路を冗長化をする仕組みには、STP もありましたよね？

そう。STP もリンクアグリゲーションもどちらも通信経路の冗長化が可能だったね。では、どちらを使うのがいいかな？

　ネットワークの現場では、多くの場合、STPではなくリンクアグリゲーションが使用されます。なぜなら、STPと比べた場合、リンクアグリゲーションには次のような利点があるからです。

●帯域拡大

　STPでは、冗長化を実現できますが、帯域の拡大はできません。すでに述べたように、リンクアグリゲーションでは、帯域を広げ、通信を高速化することができます。

《STPとリンクアグリゲーションの帯域の違い》

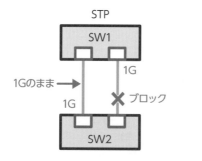

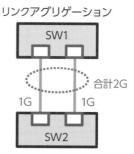

●設定と運用が容易

　STPでは、ルートブリッジをどの機器にするか、どのポートをブロックするのかを設計する必要があります。一方、リンクアグリゲーションでは、そのような

ことを考慮する必要がないので、設定も運用も簡単です。

●障害時の中断時間が短い

ケーブルが切断されるなどの経路障害が発生したとき、STPの場合は、経路の再計算（新しい経路がループにならないようにするために、どのポートをブロックしてどの経路を生かすかを決める）に時間がかかります（古いSTPの技術では約40秒かかります）。その間、通信が行えません。一方、リンクアグリゲーションは再計算の必要がないので、中断はほとんど発生しません（1秒以内に切り替わります）。

スタックとリンクアグリゲーションを組み合わせた構成

続いて、冗長化技術として最初に説明したスタックと、リンクアグリゲーションの技術を組み合わせて冗長化を実現する方法を説明します。

内部ネットワークの中心となるコアスイッチが故障すると、社内ネットワークがすべて停止してしまう可能性があります。そこで、コアスイッチをスタックにより冗長化することがよくあります。加えてリンクアグリゲーションでケーブルも冗長化すれば、コアスイッチと、コアスイッチにつながるケーブルのどちらが故障したとしても、システム全体の停止にはつながりません。

実際の構成例を紹介します。まず、2台のコアスイッチをスタック接続で冗長化します。一般的に、コアスイッチに接続されているほかのスイッチは複数あるでしょうが、ここでは1台だけ記載しています。

《スタックとリンクアグリゲーションを組み合わせた構成例》

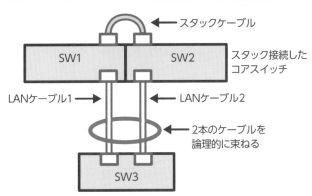

2本以上のLANケーブル（または光ケーブル）を用意し、スタック接続したスイッチングハブに1本ずつ接続します。この例では、SW1とSW3間、SW2とSW3間をそれぞれ1本のケーブルで接続します。そして、複数のLANケーブルを1本のLANケーブルのように動作させます。こうすることで、図のSW1が故障した場合、SW2とSW3に接続されているLANケーブルを介して、スイッチングハブ間の接続性が確保されます。

5 VRRP

VRRPとは

　次はネットワーク層（レイヤー3）の冗長化技術を紹介しましょう。

　ネットワーク層の代表的な冗長化技術は、VRRP（Virtual Router Redundancy Protocol）です。VRRPは、ルーター（router）などの複数のネットワーク機器を仮想的（virtual）に1台に見せて、冗長化（redundancy）するプロトコル（protocol）で、仮想的に1台に見えているルーターを仮想ルーターと呼びます。VRRPにより、1台のルーターが故障したとしても、システムは停止することなく、動作し続けることができます。

VRRPの構成例

　では、VRRPの構成例を見てみましょう。次の図のように、ルーターAとルーターBがあり、この2台のルーターを仮想的に1台に見せて、仮想ルーターにします。ルーターAとルーターB（のスイッチングハブとの接続ポート）に対しては、それぞれ実際のIPアドレスを割り当てますが、仮想ルーターに対しても仮想IPアドレスを設定します（図❶）。冗長化されたルーターと通信する際には、仮想IPアドレスを使用します（図❷）。

9章
ネットワークの冗長化技術

《VRRPの構成例》

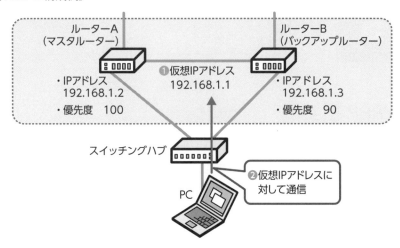

　また、各ルーターにはVRRPの優先度を設定します。優先度が高いルーターを
マスタルーターといい、優先度が低いルーターをバックアップルーターといいま
す。通常時はマスタルーターが応答し、マスタルーターに異常が発生すると、バッ
クアップルーターがマスタルーターに昇格して通信が継続されます。

なるほど。両方のルーターが常時動いていても、ふだんはマス
タルーターだけが応答してくれるんですね。

そうなんだ。仮想 IP アドレス宛ての通信にはマスタルーターだ
けが応答する、そう考えればいいんだ。

　もう少し詳しく見ていきましょう。
　まず、VRRPでは、仮想IPアドレスだけでなく、仮想MACアドレスも持ちます。
仮想MACアドレスは、ルーターが自動で割り当てます。今回は、VRRPの仮想
MACアドレスをmacVとします。
　PCはVRRPの仮想IPアドレスに対して通信を開始するために（図❶）、ARPで

通信するMACアドレスを調べます（図❷）。ARPを受け取ったマスタルーターは、
「該当のMACアドレスは仮想MACアドレス（macV）です」というARP応答を
PCに返します（図❸）。PCは仮想MACアドレス（macV）宛てに通信を開始し
ます（図❹）。PCからのフレームは、マスタルーターや、場合によってはバック
アップルーターに届きます（図❺）が、そのフレームを受け取るのはマスタルー
ターだけで（図❻）、バックアップルーターは応答しません（図❼）（フレームが
届いても、マスタルーター以外は応答しません）。

《VRRPの動作》

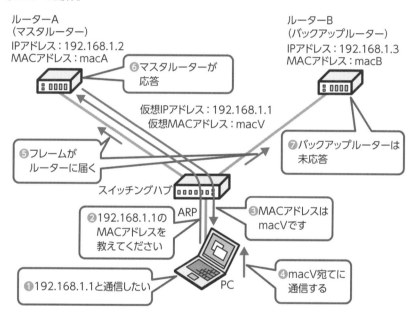

ルーターA
（マスタルーター）
IPアドレス：192.168.1.2
MACアドレス：macA

❻マスタルーターが
　応答

ルーターB
（バックアップルーター）
IPアドレス：192.168.1.3
MACアドレス：macB

仮想IPアドレス：192.168.1.1
仮想MACアドレス：macV

❼バックアップルーターは
　未応答

❺フレームが
　ルーターに届く

スイッチングハブ

ARP

❷192.168.1.1の
　MACアドレスを
　教えてください

❸MACアドレスは
　macVです

❶192.168.1.1と通信したい

PC

❹macV宛てに
　通信する

ではここで、マスタルーターが障害などにより停止したとします。マス
タルーターはバックアップルーターに対して定期的にVRRP広告（VRRP
advertisement）というメッセージを送ります（図❽）。バックアップルーターは、
VRRP広告が送られてこない場合、マスタルーターが停止したと判断し、マスタ
ルーターに昇格します（図❾）。そして、その後は仮想MACアドレス宛ての通信
に対して、今度は自分が応答します。

《VRRP広告》

この仕組みによって、1台のルーターに障害が発生しても、システムは停止することなく、動作し続けることができます。

6 ルーティングによる冗長化

ダイナミックルーティングによる経路の自動切り替え

4章で、RIPやOSPFによるダイナミックルーティングの解説をしました。ダイナミックルーティングは、ルーター同士で経路情報を交換し、ルーティングテーブルを自動で更新しているため、ネットワークの経路上に障害が発生すると、経路が自動的に切り替わります。つまり、ダイナミックルーティングは通信経路の冗長化にも役立ちます。

具体例で考えましょう。たとえば、本社とデータセンターの間の通信が非常に重要だとします。そこで、両者間の通信経路を冗長化します。下図を見てください。本社とデータセンターのそれぞれにルーターを2台設置し、同時に、それぞれのルーターをWAN回線で接続します。すると、通信経路が2つになり、冗長化することができます。

《ダイナミックルーティングによる通信経路の冗長化》

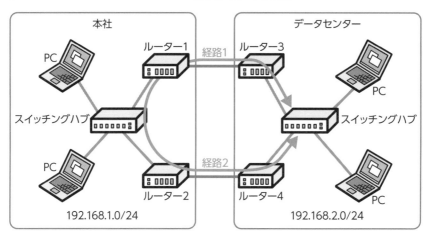

ここで、ルーターには経路情報を記載します。たとえば、ルーター1からデー

タセンターの192.168.2.0/24のセグメントに通信するには、ルーター1→ルーター3という通常時の経路（**経路1**）以外に、ルーター1→ルーター2→ルーター4という経路（**経路2**）があります。仮にルーター3が故障したり、ルーター1とルーター3を接続する回線に異常が発生しても、経路2によって、本社とデータセンターの通信が維持できます。

　このとき、ダイナミックルーティングを使えば、「自動的」に経路を切り替えることができます。スタティックルーティングを使っていても切り替えはできますが、手動で設定しなければいけません。誰かが設定するのは面倒というだけではなく、通信が切断される時間が長くなってしまいます。

DNSラウンドロビン

サーバーの冗長化

今度は、サーバーの冗長化について考えてみましょう。次の例を見てください。

たとえば、運用しているWebサーバーへのアクセスが増えたため、応答時間が遅くなるなどレスポンスが悪くなったとします。Webサーバーを2台に増やせば、1台あたりの負荷を軽減することができます。また、1台に障害が発生しても、もう1台のWebサーバーでサービスを継続することができます。

そこで2台目のWebサーバーを導入し、2台のWebサーバーのIPアドレスを、それぞれ10.1.1.1 (Webサーバー1) と10.1.1.2 (Webサーバー2) としました。サーバーが複数台ある場合、次の図のように、PCからの通信を2台のWebサーバーに振り分ける必要があります。さて、どのような方法があるでしょうか。

《PCからのアクセスを2つのWebサーバーに振り分ける》

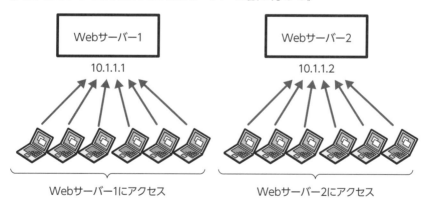

9
章

ネットワークの冗長化技術

う～ん、http://10.1.1.1 に通信する人と、http://10.1.1.2 に通信する人に分けたらどうでしょう。

つまり、利用者に協力してもらって対応するということだね。たしかにそれでも通信はできる。でも、あまりいい方法ではないなぁ。

利用者に協力してもらうやり方がいい方法といえないのは、次のような問題点があるからです。

・利用者を分け、それぞれに異なるサーバーの情報を伝えるには手間がかかります（世界中のインターネット利用者など、不特定多数の人に伝えるのはさらに難しくなります）。
・Webサーバー1が故障した場合、利用者にWebサーバー2にアクセスするように別途連絡する必要があります。
・利用者の行動は制御できないため、複数のWebサーバーの情報を知った利用者のアクセスがどちらかのサーバーに集中する可能性があります。

これらを考えると、利用者に協力してもらうのではなく、自動で振り分ける仕組みが求められます。

DNSラウンドロビンの仕組み

DNSラウンドロビンは、DNSの仕組みによって、アクセスするサーバーを振り分ける機能です。DNSの設定を変更するだけで冗長化の仕組みが構成できるので、費用をかけることなく、上述した、利用者に協力してもらうやり方の問題点がすべて解決できます。

なるほど。どういう仕組みですか？

まず、IPアドレスではなく、ドメイン名（FQDN）を使って通信してもらう。そして、1つのドメイン名に対して、複数のIPアドレスを対応づけるんだ。

　先ほどの図は、IPアドレスである10.1.1.1や10.1.1.2を使ってWebサーバーにアクセスする様子を示しています。しかし、私たちがWebサーバーへのアクセスに日常的に使うのは、IPアドレスではなく、http://www.example.co.jpのようなドメイン名です。

　このとき、DNSサーバーの設定として、ドメイン名（正確にはサーバーのホスト名かFQDN、6章2節を参照）に、複数のWebサーバーのIPアドレスを対応させます。たとえば、次のように、www.example.co.jpというFQDNを持つWebサーバーを、10.1.1.1と10.1.1.2のIPアドレスを持つサーバーに対応させるのです。

《DNSの設定》

```
www.example.co.jp.    IN    A    10.1.1.1
www.example.co.jp.    IN    A    10.1.1.2
```

　この設定をすると、DNSサーバーはPCからの問い合わせに対し、毎回、ランダムに回答します。たとえば、次の図では、PC1とPC2がDNSサーバーに、WebサーバーのIPアドレスを問い合わせています。DNSサーバーは、2台のPCに違うIPアドレスを回答しています。その結果、PCからWebサーバーに対する通信の負荷が2台のサーバーに分散されます。

《DNSラウンドロビンの動作》

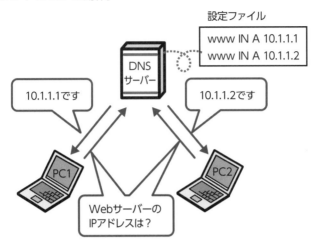

DNSラウンドロビンは、負荷分散装置を導入せずに負荷分散ができるので便利な機能です。しかし、後述するようなデメリットもあり、万能な仕組みではありません。

8 負荷分散装置

負荷分散装置とは

　では最後に、アプリケーション層（レイヤー7）のネットワーク冗長化技術について説明します。

　負荷分散装置（LB：Load Balancer）とは、その名のとおり、負荷（load）を分散する（balance）装置です。PCからの通信が特定のサーバーに集中しないように、複数のサーバーに振り分けます。

　　負荷分散は、DNS ラウンドロビンでできますよね？

　　たしかに DNS ラウンドロビンは、費用をかけずに負荷分散できて便利なんだけど、万能ではないんだ。

　たとえば、DNSラウンドロビンには次に示すようなデメリットがあります。

・サーバーの負荷状況に応じた振り分けができません。
・停止しているサーバーにも振り分けてしまいます。
・振り分け方法が、IPアドレス単位でしかできません。

　これらのデメリットを解消するのが、アプリケーション層での振り分けが可能な負荷分散装置です。IPアドレスやポート番号以外に、PCのCookie[※1]情報などによる振り分けも可能です。

※1　Cookieは、Webサイトが訪問者を識別するための小さなファイルで、Webサーバーによって、訪問者のPCに保存されます。これによってそのWebサイトへのログイン状態が維持されます。

負荷分散装置の効果

負荷分散装置を導入することで、次の2つの効果が期待できます。

●処理能力の向上

1台のサーバーでは処理できなかった負荷を、複数のサーバーで処理することで、システム全体としての処理能力を高めます。

●可用性の向上

複数のサーバーと負荷分散装置を導入することで、仮に1台のサーバーで障害が発生しても、システム全体の停止にはなりません。負荷分散装置は、振り分け先のサーバーの稼働状況を監視しており、停止したサーバーには通信を振り分けません。

負荷分散装置の構成

負荷分散装置の構成例を見てみましょう。次の図のように、負荷分散装置によって3台のサーバーに負荷分散します。このとき、負荷分散装置には仮想IPアドレスを設定し（図❶）、PCは仮想IPアドレスに対して通信を行います（図❷）。

《負荷分散装置の構成》

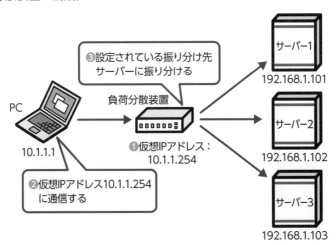

また、負荷分散装置は以下のような、振り分け先のサーバーが記載された設定テーブルを保持しています。

《負荷分散装置の設定テーブル》

仮想 IP アドレス	振り分け先サーバー
10.1.1.254	192.168.1.101 192.168.1.102 192.168.1.103

負荷分散装置では、10.1.1.254宛てのパケットを受け取ると、上記の設定テーブルを参照してサーバーに通信を振り分けます（図❸）。

> パケットが届いたら、3 つのサーバーに順番に振り分けるのですか？

> 振り分け方法はいくつかある。ちなみに、順番に振り分ける方法をラウンドロビンというんだ。

サーバーへの振り分けには、いくつかの方法があります。

上記のラウンドロビンは、サーバーの負荷状況などを意識せずに単純に振り分けていきます。それ以外には、サーバーに接続しているコネクション数が均等になるように振り分ける方式、サーバーのCPU使用率などの負荷情報を収集して、負荷が最も少ないサーバーに振り分ける方式、送信元IPアドレス単位でサーバーを振り分ける方式などがあります。

解決 》 ログの確認

「服部主任、冗長化の意味や負荷分散装置の仕組みは理解できましたが、この
トラブルの原因は、結局なんでしょうか？」

成子は服部に泣きついた。

「現場にいないから、僕だって、わからないよ」

「えー、じゃあどうすればいいんでしょうか？」

「勝間和代さんは、Give の 5 乗として、周りの人に『与えて与えて与えまくる』
と言っていた。そして、僕のようなマヨネーズ大好きなマヨラーは、マヨネー
ズを『かけてかけてかけまくる』」

「な、何、言ってるんですか？」

「ネットワークエンジニアに大事なことを教えているんだ。それは、調べて、
調べて、調べまくることなんだ！」

（勝間さんとマヨラーとネットワークエンジニアって、まったく関連性がない
じゃん）

そう思った成子だったが、現場の青木も困っている。すぐに気持ちを切り替え
た。

「わかりました。しっかり調べます」

「こっちも忙しいからあまり時間
は割けないけど、負荷分散装置
のログも見ておいた方がいいな。
ま、困ったらまた相談に乗るか
ら。できるところまで一人で頑
張ってみて」

「自分で調べろ」と言いながらも、
困ったらまた相談に乗ってくれ
るという。成子は服部の優しさを

感じた。

成子は必死に原因を調べることにした。インターネットで、負荷分散装置の振り分けに失敗したという記事も片っ端から調べた。すると、負荷分散の方式によって、負荷が一方のサーバーに偏ることがあることを知った。

（あっ、そうだ。ログも見なきゃ）

成子は、負荷分散装置の振り分けのログを確認した。大量にログがある中で、明らかに不自然なところがあった。それは、3台の異なる PC から通信テストをしているはずなのに、ログの送信元 IP アドレスがすべて 203.0.113.64 になっていることだ。

（どういうことだろうか……）

もしかすると、3台の PC から通信テストをしていなかった可能性がある。そう考えた成子は青木にこう言った。

「青木さん、委託先の3台の PC から、もう一度テストをしてもらえるように頼んでください。それと、通信テストをした PC の IP アドレスも知りたいです」

「わかりました」

そう言って青木は委託先に電話をし、再テストを依頼した。

「剣持さん、通信テストを実施した PC の IP アドレスは、10.7.6.203 と 10.7.6.208 と 10.7.6.233 だそうです」

委託先からの報告を受けて青木が成子に伝えた。

「10 で始まる IP アドレスですか？」と成子は驚いた。が、少し考えた後、「そういうことですか」と納得した表情を浮かべた。

「原因がわかったんですか？」

青木が成子に尋ねる。

「はい。3台の PC にはプライベート IP アドレスが割り当てられていて、社外のサーバーに接続するときに、すべて1つのグローバル IP アドレスに NAPT で変換されているようです。負荷分散装置のログを見る限り、その IP アドレスは 203.0.113.64 です。負荷分散装置は今、送信元 IP アドレスを基準にして振り分けを行うように設定されていましたよね？　送信元 IP アドレスがすべて同じなので、同じ Web サーバーに振り分けてしまったようです」

「なるほど……。じゃあ、ラウンドロビンなど、ほかの振り分け方法にすれば

いいですね」
「はい、そうです！」
「剣持さん、ログを見るって大事なんですね。今日はありがとうございました」
「いえいえ、トラブルが解決してよかったです」

ひと仕事終えた成子は、製品工場の最寄駅に行く途上で、服部がくれたアドバイスの重要性を心の中でかみしめていた。
（「ログを見るのは大事ですね」って言われちゃったけど、私の方こそ、しっかり覚えておかなきゃ）
成子は、あの服部でも、現場にいなければ簡単に解決できないトラブルがあると知って、少しうれしさを感じるとともに、「いざとなれば、調べまくればいいんだ」とわかり、気持ちが楽になった。
（そうか、最初から全部知らなくても、その都度調べればいいんだ。私だって、その手でもっともっと頑張ろう！）
成子は、軽やかな足取りで駅に向かいながら、決意を新たにするのであった。

NO NET, NO LIFE

今や多くの人がネットワークに依存した生活を送っています。たとえば、女子高生が1日にスマホを使用する時間は6.1時間といわれています（デジタルアーツ株式会社「第12回未成年者の携帯電話・スマートフォン利用実態調査」（2019年5月24日）による）。彼女たちが利用するサービスの大半は、LINEなどのSNSやニュースなどのネットワークを使ったものです。電波が届かない「圏外」にいるのは、「なんとなく落ち着かない」という人がたくさんいるとも。つまり、ネットワークに接続されていることが、今の生活の大前提になっているのです。きっと、「NO NET, NO LIFE」となっていることでしょう。

しかし、ネットワークに依存しているのは、女子高生だけではありません。今やネットワークは生活に欠かせない重要なライフラインです。多くの企業では、ネットワークがつながらないと仕事ができません。ほとんどのシステムは、ネットワーク上のサーバーと通信しながら稼働していますし、外部とのメールや受発注データの送受信もネットワークを介しています。また、商品の販売、ホテルやレストラン、交通機関の予約、各種の申し込みなど、インターネットでサービスを提供している企業がたくさんあります。ですから、多くの企業では、「NO NET, NO WORK」であることは間違いありません。

ネットワークは重要なインフラですから、ネットワークが切断されると、企業および社会に大きな影響が出ます。たとえば、『システム障害はなぜ二度起きたか』（日経BP社）に次のようなネットワークの障害事例が紹介されていました。

「2011年1月、消防車や救急車の出動を支援する東京消防庁の情報システムがダウンし、119番通報がつながりにくくなる事態が発生した。原因は1本のLANケーブルの誤接続によって通信の『ループ』が発生したこと。予備システムも機能せず、影響は約4時間半に及んだ」

ループ対策といえば、本書でも解説したSTPです。それが有効になっていなかったようです。このように、ネットワークのちょっとした障害は、システム全体の障害、そして、119番がつながらないという大問題に発展する可能性があるのです。

今は IoT（Internet of Things）の時代になって、PC やサーバーだけでなく、自動車や家電など、ありとあらゆる「物」がインターネットに接続されます。また、5G（第 5 世代移動通信システム）による超大容量の通信サービスが本格的に始まるなど、ネットワークはますます革新されていきます。今よりもさらに、「NO NET, NO LIFE」の時代に突入していくでしょう。

もちろん、そのネットワークを支えるのはネットワークエンジニアです。今後の日本、いや、世界のネットワークの発展は、本書を読んでくださっている皆さんにかかっているかもしれません。

いざ、一人前のネットワークエンジニアへ！

成子がいたずらっぽい笑みを浮かべてやってきた。手を後ろにして何かを隠している。

「？」の表情の服部に、「ジャ〜ン！」と成子は、背中に隠していたものを見せた。それは、シスコの技術者認定資格 CCNA の認定証だった。

「すごいじゃないか。合格したんだ！」

「エエ、まあ」と成子は得意そうだ。

「CCNA は技術的に深いところまで問われる試験。単に知識をつけたというよりは、日々の業務をきちんとこなしたことで、ネットワークに関する実力がついたということだ」

「ありがとうございます。服部主任の愛ある厳しいご指導のおかげです」

「お、やけに、素直だな」

「もちろんですよ。それに、会社からは合格報奨金 5 万円がもらえます。申請書を書きましたので、サインをお願いします」

成子は申請書を笑顔で服部に渡す。

「合格、おめでとう！」

服部も笑顔でサインする。

すると、情報システム部の電話が鳴る。ワンコールで成子が電話に出る。どうやらトラブルが発生したようだが、成子は、電話で適切な指示をしているようだった。

しばらくのやり取りの後、成子がホッとした表情を浮かべた。

「直りましたか。よかったです。こちらこそ、的確にご対応いただけて助かりました。ありがとうございます」

成子は、助けてあげていると偉ぶるそぶりもなく、丁寧な態度で接している。服部は、成子が人間としても成長している姿を見て、にこやかな表情になった。

成子自身も、自分に実力がついてきたことを実感していた。ネットワークの基礎知識を身につけ、CCNAにも合格。現場経験も少しずつ積んでいる。そして、トラブル対応もできるようになった。今後、どんなトラブルが発生するかはわからない。でも、トラブル対応時の選択肢をいくつも持ったことで、どんなトラブルでも解決できそうな気がしてきたのだ。

成子は、笑顔で服部にこう言った。

「服部主任、ネットワークの仕事が私の天職かもしれません！」

成子の瞳は、今までで一番輝いていた。

終わりに

本書をお読みいただき、誠にありがとうございます。難しいネットワークを、楽しく学んでいただけましたでしょうか。実践的なネットワークの知識を学んでいただけましたでしょうか。

「はじめに」でも書きましたが、実践的な知識を得ることが、本書の大きな目標です。であれば、「トラブル対応」ができてこそ、"現場で通用する""実践的"な知識が得られたといえると思います。本書では、ネットワークのトラブル対応について、私の経験から具体的な事例を紹介しました。

その内容をご覧いただいて、「単純なトラブルばかりだな」と思われるかもしれません。ところが、ネットワークの現場で起こるトラブルなんて、LANケーブルが抜けていた、設定が1行間違っていた、そんな単純なものばかりです。

しかし、単純なミスであっても、その原因をつかむのは簡単ではありません。9章のコラムに消防庁の事例を記載したように、原因が1本のLANケーブルの誤接続という単純なものでも、「影響は約4時間半に及んだ」とあります。誤接続であれば該当ケーブルを抜くだけで解決しそうなものですが、原因究明に時間がかかったと考えられます。

では、私を含めた多くのネットワークエンジニアは、どのようにトラブルの原因をつかむのでしょうか。対処方法は、実はとてもシンプルです。本編の1〜5章で紹介した方法が、トラブル対応の基本です。以下に改

めて整理します。

●トラブル対策の方法
- 1章：切り分けの実施
- 2章：ログの確認（＋ステータスの確認）
- 3章：図に描いて整理
- 4章：コマンドの実行
- 5章：パケットキャプチャーでパケットを確認

優秀なネットワークエンジニアであっても、トラブルの原因が瞬時にわかることはありません。経験があれば多少はわかりますが、上記に書いたような地道で基本的な方法を使って、丁寧に調べているのです。

とはいえ、切り分けの実施やログの確認、ネットでの調査を行う際に、ネットワークの基礎的な知識が必要であることは言うまでもありません。

加えて、6章以降で解説した内容もトラブル対応の参考になると思います。たとえば、9章で述べたような、「調べまくる」というのは、精神論的なやり方で、非常に地味な作業です。ですが、エンジニア仲間で話をすると、「一番重要な対処策だ」と言う人も少なくありません。また、6章で書いたように、そもそもトラブルを防ぐために事前に入念なテストをすることも、大事なトラブル回避方法です。

現在、IT業界は劇的に進化しつつあります。AI、自動運転、デジタルトランスフォーメーション、クラウド化の進行や、IoTデバイス・モバイル端末の急拡大、5Gサービスの開始などなど。今後も新しいキーワードが次々と登場することでしょう。ですが、これらの技術は、実はネットワークがあってこそ成り立ちます。たとえば、AIによる自動翻訳にしても、ネットワークを介してクラウドのサーバーに接続して実現している技術なのです。

ただ、いくらITの技術が急速に発展していっても、TCP/IPという仕組みを使っている以上、ネットワークの基礎というのは不変ともいえます。だからこそ、基礎をしっかりと学習することは、新しい技術への適合力にもつながります。

時代が大きく変わっていく中、本書が皆さんのネットワークに関する普遍的な知識の礎となり、進化した時代でのご活躍の一助となれば幸いです。

最後になりますが、この業界に多大なる功績を残し、この本の編集の途中でご逝去された松井智子さんに心から感謝いたします。

2021年3月
左門　至峰

索引

索引

■著者

左門 至峰（さもん しほう）

ネットワークスペシャリスト、株式会社エスエスコンサルティング代表。大手システムインテグレーターに入社後、主にネットワーク、セキュリティ関連の仕事に携わり、大規模プロジェクトを多数経験。

執筆実績として、『ネスペR1 本物のネットワークスペシャリストになるための最も詳しい過去問解説』（技術評論社）、『FortiGateで始める 企業ネットワークセキュリティ』（日経BP社）、『Aruba無線LAN設定ガイド』（技術評論社）、『日経NETWORK』や「@IT」での連載などがある。

保有資格はネットワークスペシャリスト、プロジェクトマネージャ、技術士（情報工学）、情報処理安全確保支援士、システム監査技術者など多数。

■執筆協力

山内 大史／技術士（情報工学・電気電子）、ネットワークスペシャリスト
中本 裕崇／マクニカネットワークス株式会社
浪床 信吾／日本ヒューレット・パッカード株式会社 Aruba事業統括本部
安原 一順／日本ヒューレット・パッカード株式会社 Aruba事業統括本部

STAFF

編集	室町 幸喜（有限会社イー・コラボ）
	松井 智子（株式会社ソキウス・ジャパン）
カバーデザイン	阿部 修（G-Co.Inc.）
本文フォーマット＆デザイン	G-Co.Inc.
カバー、本文イラスト	後藤 浩一
カバー制作	高橋 結花
DTP制作	品田 興世揮
デスク	千葉 加奈子
編集長	玉巻 秀雄

■商品に関する問い合わせ先

このたびは弊社商品をご購入いただきありがとうございます。本書の内容などに関するお問い
合わせは、下記のURLまたは二次元バーコードにある問い合わせフォームからお送りください。

https://book.impress.co.jp/info/

上記フォームがご利用いただけない場合のメールでの問い合わせ先

info@impress.co.jp

※お問い合わせの際は、書名、ISBN、お名前、お電話番号、メールアドレスに加えて、「該当するペー
ジ」と「具体的なご質問内容」「お使いの動作環境」を必ずご明記ください。なお、本書の範囲を超
えるご質問にはお答えできないのでご了承ください。

● 電話やFAXでのご質問には対応しておりません。また、封書でのお問い合わせは回答までに日数をい
ただく場合があります。あらかじめご了承ください。
● インプレスブックスの本書情報ページ https://book.impress.co.jp/books/1118101083 では、本書
のサポート情報や正誤表・訂正情報などを提供しています。あわせてご確認ください。
● 本書の奥付に記載されている初版発行日から3年が経過した場合、もしくは本書で紹介している製品や
サービスについて提供会社によるサポートが終了した場合はご質問にお答えできない場合があります。

■落丁・乱丁本などの問い合わせ先

FAX　03-6837-5023

MAIL　service@impress.co.jp

● 古書店で購入されたものについてはお取り替えできません。

ストーリーで学ぶ ネットワークの基本

2021年　5月11日　初版発行
2024年　4月11日　第1版第5刷発行

著　者　左門至峰
発行人　小川　亨
編集人　高橋隆志
発行所　株式会社インプレス
　　　　〒101-0051　東京都千代田区神田神保町一丁目105番地
　　　　ホームページ　https://book.impress.co.jp/

印刷所　日経印刷株式会社

ISBN978-4-295-00605-3　C3055

Printed in Japan